U0337596

煤矿区充填复垦土壤
生物学特性及其变化研究

程　伟　著

中国矿业大学出版社

内 容 提 要

本书以中国华东地区采煤沉陷区充填复垦场地为研究对象,从环境土壤学和土壤生物化学的角度,分析了采煤沉陷区煤矸石充填复垦土壤微生物学指标、酶学指标等参数的时空变化特征、充填物料对复垦场地生物学指标的影响、激发效应对复垦场地生物学指标的影响,深入研究了矿区耕地土壤在地下开采后和生态重建过程中土壤生物学性质的时空演变规律和影响因素,以及关键环境要素之间的相互作用关系。书中还列举和推荐了一些重要土壤生物化学指标的测定方法。

本书可供环境、生态、地学、农学、生物、湖泊等学科的科研、教学和矿山企业的工程技术人员参考。

图书在版编目(CIP)数据

煤矿区充填复垦土壤生物学特性及其变化研究 / 程伟著.—徐州:中国矿业大学出版社,2016.12

ISBN 978-7-5646-3424-7

Ⅰ.①煤… Ⅱ.①程… Ⅲ.①矿区－复土造田－土壤微生物－生物学效应 Ⅳ.①TD88

中国版本图书馆 CIP 数据核字(2016)第 322949 号

书　　名	煤矿区充填复垦土壤生物学特性及其变化研究
著　　者	程　伟
责任编辑	潘利梅
出版发行	中国矿业大学出版社有限责任公司
	(江苏省徐州市解放南路　邮编 221008)
营销热线	(0516)83885307　83884995
出版服务	(0516)83885767　83884920
网　　址	http://www.cumtp.com　E-mail:cumtpvip@cumtp.com
印　　刷	徐州中矿大印发科技有限公司
开　　本	880×1230　1/32　印张 6.5　字数 200 千字
版次印次	2016 年 12 月第 1 版　2016 年 12 月第 1 次印刷
定　　价	36.00 元

(图书出现印装质量问题,本社负责调换)

前　言

可持续发展是当今社会进步的指导原则,也是中国经济发展追求的目标。煤炭资源是中国今后相当长时间内的主要能源,煤炭工业的可持续发展是中国国民经济与社会可持续发展的重要组成部分,也是煤炭产业发展追求的目标。华东地区既是主要的煤炭产区,同时也是重要的粮食作物种植区,煤炭资源与耕地资源复合分布的面积已经占到耕地面积的 40% 以上。煤炭开采使得华东地区土地利用和土地覆被变化强烈,矿区范围内土地大面积沉陷,农业生态系统退化。开展采煤沉陷区土地复垦,增加煤粮复合区耕地面积是矿区可持续发展必由之路。

20 世纪 80 年代末,中国煤矿区土地复垦工作逐步发展,在煤炭开采对土地(耕地)破坏机制、影响周期、土壤重构理论等方面进行了广泛的研究,提出了挖深垫浅、充填复垦、疏排复垦、矸石山绿化等技术,并在两淮地区、徐州地区、济宁地区进行了一系列示范区的建设。笔者认为,在矿区土地复垦工程中,土地结构恢复是基础,土地生态系统功能恢复是目的,土壤生物学功能恢复是核心,也是实现从结构恢复向功能恢复的关键所在,因此对复垦后耕地生物学功能研究是一项极其重要的研究课题。

本书共分为 6 章。第 1 章介绍国内外矿区土壤生物学研究进展。第 2 章介绍了研究区基本状况、研究理论和实验技术体系。第 3 章研究了煤矸石充填复垦场地土壤生物学特征时空变化特征。第 4 章比较了煤矸石、粉煤灰和湖泊底泥为充填物料的复垦场地生物学特征。第 5 章研究了利用激发效应改良复垦场地生物

· 1 ·

学功能的可行性。第 6 章介绍了主要研究成果。

该书内容包括了本人在中国矿业大学攻读博士期间的主要研究成果。在此感谢我的硕士生导师中国科学院研究生院的吴宁研究员和博士生导师中国矿业大学的卞正富教授,是他们为我打开了科研之门,在他们的指导下我进入恢复生态学领域,并将其作为一生的事业。感谢中国矿业大学董霁红教授、冯启言教授、刘汉湖教授、雷少刚教授、闫庆武副教授、单爱琴副教授、裴宗平教授、白向玉讲师,以及刘振国、金丹、申艳琴、张鹏飞、刘万利等同门和同学的帮助和支持。

最后,本书的研究及出版得到了国家"十一五"科技支撑计划重点项目"采煤沉陷区土地复垦与农业生态再塑技术开发与应用",教育部创新团队"与煤炭开采有关的资源与环境保护",江苏省"老工业基地资源利用与生态修复协同创新中心"等的联合资助。由于时间和水平有限,书中难免有各种问题,恳请各位专家和读者批评指正。

程 伟

2016 年 12 月

目　录

1 绪 论

1.1 研究背景

　　煤炭是我国最重要的能源,在一次能源生产与消费中占70%左右。自1989年我国煤炭产量突破10亿t成为世界第一产煤大国后,煤炭产量及进口量逐年攀升。据统计,我国2012年煤炭产量达到36.6亿t,净进口量为2.8亿t。煤炭在为我国经济与社会发展提供重要能源保障的同时,其大规模开采及利用也不可避免地对生态环境产生巨大的影响,并带来一系列的生态环境问题[1]。矿区土地资源的破坏是当前煤炭开采所面临的最突出问题之一。矿区土地资源破坏的主要特征为矿山及周边区域土地被占用、沉陷、压损等。以井工煤矿为例,研究表明每开采1×10^4 t原煤平均要沉陷土地$0.07\sim0.3$ hm^2(下沉量$\geqslant10$ mm)左右。截至2012年年底,因煤炭开采引起的土地沉陷面积约为156×10^4 hm^2,采煤沉陷区面积随着煤炭产量的增加将逐年递增[2]。我国是世界人口最多的国家,土地资源贫乏,人均耕地面积仅0.093 hm^2。我国东部平原煤矿区村庄密集,基本农田与煤炭资源重叠分布,煤炭开采和基本农田保护之间的矛盾尤为突出,严重制约了矿区可持续发展。

　　矿区土地复垦和可持续发展研究是当今科学研究的热点问题。煤炭开采和资源利用导致矿区土地利用/土地覆盖格局的改变,进而影响矿区农用地结构和功能,土壤生态过程被改变。随着中国东部煤炭资源的枯竭，矿区经济发展模式面临转型。而矿区可利用土地面积减少的现状直接制约了矿区经济转型和可持续发展。

对采煤沉陷区进行景观重建和土地复垦是解决煤炭开采与土地资源保护之间矛盾的有效途径[3,4]。把土地复垦纳入矿区可持续发展规划中，对采煤沉陷区进行景观重建和土地复垦有利于改善矿区生态环境，提高矿区土地资源利用价值，促进经济和社会持续健康发展。我国自20世纪70年代以来，尤其是1988年国务院《土地复垦规定》发布以后，开展了大量的土地复垦示范工程建设，通过复垦实践增加了大量可利用土地面积，总结出疏排复垦法、挖深垫浅复垦法、充填复垦法等采煤沉陷区土地复垦技术在全国范围内进行推广。

尽管国内对矿区土地复垦问题进行了研究，但重点主要集中在地形重塑、土壤剖面重构和植被恢复等方面[5-7]。研究表明，矿区复垦土壤本质上是一种非典型的人造新土，复垦土壤在物理结构、化学组成、物质循环、能量代谢、微生物繁衍和生态系统演替等方面都与岩石风化形成土壤有着显著的区别。目前国内对矿区复垦土壤的物理性质，N、P、K等营养元素、重金属含量及其变化特征开展了较多的研究[8-13]，但是对矿区复垦土壤恢复过程中的土壤生物学特性时空变化规律及影响因素研究较少，持续监测力度不够[14,15]。

本书以我国东部采煤沉陷区复垦场地土壤为研究对象，在对煤矸石、粉煤灰和湖泊底泥三种充填复垦场地土壤的物理性质、化学性质、重金属含量测试分析与研究的基础上，采用空间序列代替时间序列法、田间实验和室内模拟实验相结合的方法，对充填复垦场地土壤的细菌、真菌、放线菌、微生物量碳、微生物量氮、土壤呼吸、β-葡萄糖苷酶活性、酸性磷酸酶活性、脲酶活性、芳基硫酸酯酶活性等生物学指标进行研究，分析其时空变化特征及其影响因素，提出改善复垦土壤生物学特性的措施,旨在为人口密集、土地资源,特别是耕地资源紧缺的东部矿区土地复垦实践及管理提供科学依据。

1.2　国内外研究现状

1.2.1　复垦场地工程技术研究进展

我国煤炭地下开采量约占到煤炭总产量的 90% 以上[16]。煤炭开采直接破坏地下岩层结构致使采空区及周围区域岩体的平衡状态受到破坏,岩层和地表产生连续的移动、变形(开裂、冒落等),导致地表大量土地产生沉陷,即通常所称的"采煤沉陷区"[17,18]。采煤沉陷区内的土地因地表位移出现一定的坡度和地裂缝,严重时甚至出现大范围的沉陷盆地(ground subsidence basins)。华东地区因地下潜水位高,采煤沉陷区甚至出现大面积的积水,积水深度最多可达 10 m 以上,使得土地可利用性消失。矿区土地沉陷使得区域景观被破坏、土壤肥力下降、原有的生态系统受到影响,土地资源受到严重破坏。综上所述,采煤沉陷区的存在使得矿区可利用土地资源严重不足,人地矛盾突出,严重影响了矿区社会经济和生态环境可持续稳定发展[19,20]。

德国、美国等发达国家自 19 世纪 20 年代起就开始对煤矿区损毁土地进行复垦工作[3]。如美国印第安纳州从 1918 年起在煤矸石山上进行了植被恢复实验。伊利诺斯、西弗吉尼亚、印第安纳等 39 个州自 1939 年起先后制定土地复垦法,使矿区土地复垦逐步走上正轨[21,22]。进入 20 世纪 90 年代以来,西方发达国家的矿区生态环境修复更多地强调生态学意义的恢复,即在土地复垦与生态修复实践中综合考虑景观美化、可持续性发展、人与自然的和谐等问题,在矿区生态修复理论和实践中更强调多学科领域综合,考虑恢复过程经济和社会的综合效益[23,24]。

我国煤矿复垦科学研究始于 20 世纪 80 年代。首先在安徽淮北矿区开展了煤矸石、粉煤灰充填复垦与挖深垫浅复垦试点研究,并先后在河北、江苏、山东、山西、陕西、河南、湖北、辽宁等省开展了土地复垦试点工作,至 1992 年底已复垦土地 3.3 万 hm²[4,9,25]。1994 年又先后在江苏铜山、安徽淮北、河北唐山建立了三个国家级复垦示范工程。除此以外,为取得大面积复垦经验和不同复垦方向的技术,各地煤矿也自行建立了复垦试验示范工程(基地)。80 年代末至 90 年代初期国内矿区土地复垦研究重点集中在复垦实施的工程手段、复垦土壤剖面重构技术、植被恢复以及矸石山(排土场)绿化等方面。进入 21 世纪以来,国内的矿山复垦开始重视复垦土地的质量与生态重建,许多学者从土壤学、环境科学、生态工程学的角度对复垦问题进行了深入的研究,这些研究涵盖了煤矿区复垦土壤物理、化学及生物性状研究,复垦土壤质量评价,复垦土壤重金属污染与评价,复垦土壤微生物修复等,为合理、有效地重构、修复煤矿区土壤提供了有力的依据。

1.2.2 复垦土壤物理化学性状研究

在采煤沉陷区进行土地复垦,首先面临的问题就是如何将沉陷区域恢复到设定高度。目前常用的办法是先用煤矸石、粉煤灰或建筑垃圾等固体废弃物作为充填基质将沉陷区域恢复到设定高度。用大型机械将充填基质平整,在充填基质上面覆盖 50～100 cm 左右的风化土作为表土层[6,8,26]。研究表明,无论是事先剥离下的表土还是挖深垫浅获得的深层土壤,其土壤中的有机质、N、P、K 等表征肥力指标的物质含量与沉陷前的土壤相比都较低[10,27]。此外,作为充填基质的煤矸石和粉煤灰本身的养分含量也较低,从而导致复垦初期的土壤肥力水平处于较低的水平[28-31]。随着复垦年份的增加,复垦土壤中植物残渣分解加上外来肥料施用,土壤中有机质、总氮、速效磷、速效钾等成分明显增加,使得复垦土壤肥力不断提高。

采煤沉陷区土地复垦在表土构建过程中采用表土剥离回填、机械混推和泥浆泵复垦等手段,这几种复垦手段在实施过程中对土壤的扰动都比较大,结果导致土壤剖面原有空间层次消失、颠倒、混杂,土壤有机质、氮、磷、钾等营养成分流失,土壤微生物数量减少,土壤生产功能衰退,土壤生态系统自维持功能退化甚至丧失。国内外研究表明,在复垦土壤重构过程中,由于大型工程机械的使用,会致使复垦后的矿区土壤一般具有较高的紧实度和容重、较低的孔隙率、较多的粗颗粒含量、较差的土壤结构、土壤层次混乱等特征[32-36]。此外复垦过程中由于机械的扰动,耕地土壤原有的结构遭到破坏,复垦后的土壤适耕性、酸碱性、保水保肥性等特性发生了较大的变化[37-41]。

1.2.3 矿区土壤碳循环研究现状

表征土壤性质重要的指标之一是土壤有机碳含量,提高矿区土壤有机碳含量能显著提高土壤质量。此外,土壤总有机碳(TOC)库也是生物圈中主要的碳库,在全球碳循环中占有重要地位,对全球气候变化和温室效应有着重要的调控作用[42,43]。土壤有机碳库形成的过程是通过植物的光合作用对环境中碳进行固存,部分碳以凋落物形式输入到土壤中进行储存,而矿区土壤的利用方式改变影响了土壤碳库大小。煤炭开采显著地改变陆地生态系统景观,减少矿区土壤中的碳储量的原因在于:一方面煤炭开采,尤其是露天开采,减少了陆地植被覆盖率,减少了土壤的碳输入;另一方面人为扰动改变土壤周转速率,加速土壤温室气体排放速率,促使土壤碳汇功能减弱,减少土壤碳储量。复垦后矿区土壤通过丰富植物种类、增加植物凋落物输入等途径改变土壤有机碳循环方式和速率,使得复垦后土壤碳储量增加。Akala、Lal、

Jacinthe 等研究表明俄亥俄州矿区复垦土壤利用方式的改变有效增加了有机碳储存速率[44-48]。K. Lorenz 等研究表明矿区土地复垦能增加土壤有机碳的化学稳定性[49]。Maharaj 通过同位素等方法研究复垦场地土壤有机碳来源,结果表明矿区复垦土壤中新增加的有机碳主要来源于人工恢复的植物根系分泌物和凋落物分解[50]。张绍良、渠俊峰、徐占军等研究发现,中国东部高潜水位区的煤炭开采影响了矿区土壤碳库储量[51,52]。综上所述,煤炭开采、利用导致矿区土壤有机碳含量减少、肥力降低,土地退化严重;在矿区土地复垦中,通过采用保护性耕作、施用有机肥及秸秆还田和生物覆盖等合理的管理措施,可以有效地增加农业土壤有机碳含量[33,34,49,53]。此外,因处于复垦初始阶段的矿区土壤有机碳含量低于非矿区土壤,因此复垦后矿区土壤具有很大的固碳潜力,可以作为碳汇新的增长点。此外,增加矿区土壤有机碳含量可以进一步改善土壤的结构和保水保肥能力,提高矿区土壤质量和耕地的生产力[44,54-56]。尽管国内关于土壤碳汇的研究较多,但大多研究集中在森林、草地等自然生态系统碳储量和碳固存能力的变化及影响因素方面,而对复垦后场地土壤的碳储量和碳固存方面研究较少。

1.2.4 土壤微生物特性研究

通常意义的土壤微生物一般包括土壤细菌、真菌和放线菌。土壤微生物群落区系研究一方面有助于了解土壤有机质、氮、磷、钾等物质的生物地球化学循环过程。另一方面因土壤微生物是土壤生态系统的重要组成成分,其数量及多样性分布不仅能反映土壤生态系统的现状,而且还影响土壤生态系统的演替方向和演替速度。土壤微生物数量及区系特征作为土壤生态系统最基本、最主要的指标之一,不仅对环境要素变化具有高度的敏感性,能够在土壤物理、化学性质发生变化前就对环境因子的变化做出响应,能通过微生物区系变化预测土壤生态系统的演替方向。研究表明，以土壤细菌、真菌和放线菌为主的土壤微生物类群的数量及比例变化情况与其在土壤生态系统中的生态功能密切相关。矿山开采、冶炼过程中，土壤微生物数量随着扰动强度的增加而减少[57,58]。矿区土地在复垦以后其土壤微生物数量及多样性指标随恢复时间而增加[59]。在土壤微生物三大类群中，土壤真菌能直接影响土壤团聚体的组成和稳定性，是表征复垦土壤质量，预测土壤微生态系统演替方向的最重要指标之一[60-65]。此外，土壤微生物群落的多样性能表征土壤生态系统受管理措施和环境干扰后的细小变化，可以揭示土壤微生物群落的稳定性、微生物群落生态学机理以及自然或人为干扰对群落的影响而被重点关注。因此土壤微生物多样性指数指标在矿山生态恢复中作为监测、评价土壤健康及分析土壤微生物生态系统演替方向的重要指标[66-70]。矿区复垦土壤微生物多样性监测指标包括物种多样性、遗传（基因）多样性、生态系统多样性以及功能多样性等[71-73]。

1.2.5 土壤微生物量碳/氮含量研究

目前对矿区复垦土壤的研究主要集中在复垦前后土壤物理和化学性质变化情况。研究发现，仅研究矿区复垦场地土壤物理、化学指标，往往不能完全体现土壤管理和土地利用变化对土壤发育及演替的影响。土壤微生物量指标，尤其是根际圈微生物量指标是维持土壤质量的重要组成部分，不仅能反映土壤物理化学性质的变化过程，又能体现土壤中物质周转速率和能量流动情况、土壤团聚体的形成和营养组分转化的调控等过程。因此，土壤微生物量指标因其对土壤质量变化敏感而成为土壤质量评价中不可缺少的指标之一。此外，因其对土壤结构和养分循环的重要性、对土壤生态过程的敏感性，土壤微生物量日益成为土壤质量研究和评价中最有潜力的敏感性指标之一[58,68,74,75]。在常见的微生物量指标中,微生物量碳(Microbial biomass carbon,MBC)是表征土壤微生物量碳库的灵敏指标因子,微生物量氮(Microbial biomass nitrogen,MBN)能反映微生物氮库的相对大小。由于微生物量碳和微生物量氮能快速地响应土地管理措施及土壤环境要素的变化,它们常被选为指示土壤质量的指标、评价土壤外源干扰和土壤管理措施的效果[64,65,76-78]。研究发现,微生物量碳、微生物量氮与土壤有机碳的转化过程和运移过程有很好的相关性,并与土壤全磷、有机磷及速效磷含量正相关。土壤微生物代谢熵大小能表示土壤微生物量的大小和活性,并将微生物生物量和微生物的活性以及功能联系起来。土壤微生物代谢熵(Microbial metabolic quotient,qCO_2)反映了土壤微生物对基质的利用效率,同时还可预示土壤的发生过程、生态演变以及对环境胁迫的反应,常用于研究环境变化对微生物群落的影响[66,79-81]。土壤微生物代谢熵大小随土壤的熟化而降低,随土壤的退化而升高。处于健康、能自我维持的土壤生态系统土壤微生物代谢熵数值相对稳定。如果处于稳定状态的土壤微生物代谢熵数值忽然发生较大范围的变化,则表明有可能有某一环境因子发生变化或出现新的环境因子。微生物量碳、微生物量氮、土壤基础呼吸及其衍生指数微生物熵、土壤微生物代谢熵、微生物量碳氮比以及土壤酶活力等参数均可看作具有潜力的生物指标。综上所述,土壤微生物代谢熵指标可作为研究土壤生态系统质量变化和评价管理措施是否得当的重要指标[82-86]。

1.2.6 土壤酶活性研究

土壤酶一般分为胞外酶和胞内酶。胞外酶的来源由土壤微生物和植物根系在细胞内产生并分泌到细胞外。常见的土壤酶包括氧化还原酶类、水解酶类、裂合酶类和转移酶等[87]。在生态系统中,土壤酶、植物根系、土壤微生物共同参与土壤物质代谢、能量传递等生理生化过程。土壤酶活力大小与土壤生态系统的演替、土壤微生态环境健康状况紧密相关。土壤酶种类、活性大小可以作为重要的评价指标来研究土壤生态系统目前所处的状态,能够反映土壤管理措施、环境因子对土壤生态系统的影响。研究表明,随着矿产资源开采及冶炼过程,退化的矿区土壤酶活性会有较大程度的下降,最终导致土壤营养物质循环和微生物数量减少[59,88]。土壤酶活性不仅可以反映土壤中物质能量循环速度,同时也可以反映土壤质量健康与否[89]。不少研究者认为,土壤酶学指标是表征土壤质量变化最敏感的指标[90-92]。国外研究表明,在矿区土地复垦完成后,复垦土壤中酶活性处于较低水平。随着恢复年限的延长,土壤酶数量和活性与生态恢复过程成正相关[93]。进一步研究表明在植被恢复过程中,土壤酶活力增加有助于提高土壤有机碳、有机氮、速效磷、速效钾等营养成分的转化[67]。在土壤生态系统演替过程中,土壤酶活性和有机质、氮等营养指标、土壤基础呼吸速率、土壤微生物代谢熵等生物学指标间存在显著相关特性[71,94,95]。而适当的土壤紧实度(机械强度)、容重、含水率、pH值有利于土壤酶发挥作用[92,96]。

1.2.7 土壤重金属对土壤生物学特征影响研究

矿区土壤重金属污染也是引起矿区土地可利用率下降的原因之一。资源开采、冶炼和运输过程导致重金属进入到矿区环境中,引起矿区土壤重金属含量增加。矿区土壤重金属含量过高可能造成现存的或潜在的土壤质量退化、生态与环境恶化等现象[12,92]。尽管土壤生态系统能通过物理、化学和生物过程对进入生态系统内的重金属进行稀释、转化,降低其含量和活性,如果进入土壤的重金属含量超过土壤生态系统的自净能力,则会引起土壤在组成、结构及功能方面发生改变,诱使土壤微生物数量及种类发生改变,土壤酶活性受到抑制,土壤物质代谢、能量循环等生理生化功能受到影响[97]。土壤某些重金属周转持续时间长,重金属及其衍生物在土壤中逐渐积累,可以通过食物链和食物网进入人体,进而危害人体健康[13,98,99]。董霁红等研究发现煤矸石、粉煤灰充填物影响了复垦土壤中重金属含量,并发现重金属进入到小麦籽实中去[12];国内外对金属冶炼区土壤重金属污染特征研究结果表明,有色金属矿区土壤容易受到 Cd、Cr、Sb、Pb、As、Zn 和 Cu 重金属元素的污染。污染程度往往与距离冶炼区远近呈负相关。在中国东部,煤矿及其下游工业区附近土壤多为农用耕地,重金属被作物吸收后通过食物链进入动物和人体内,从而影响食品安全和人类健康[92,100]。重金属 As、Cr、Co、Ni、Cd 和 Zn 等已被证明有致癌、致畸变作用;已经证明 Pb 会对人体中枢神经系统造成损失;长期接触 Mn 容易诱发帕金森病[101]。环境中的重金属对植物生长也有抑制作用,影响植物的生长发育及正常生理功能,严重的甚至可以造成植物死亡[102-105]。

1.2.8 复垦土壤质量评价及改良

土壤生态系统由土壤生物群落和周边无机环境构成。就土壤组成而言,主要包括土壤动物、植物、微生物以及土壤物理、化学等无机和有机环境等生物与环境因子。就土壤过程而言,主要有物质循环、能量代谢、信息传递、土壤生态系统的进化、退化等演替过程等[106,107]。对土壤质量进行评价,一般通过选取合适的物理、化学和生物学指标,通过建立合适的评价方法和评价模型对土壤现状进行分析,定性或定量描述土壤生态系统现状及对管理措施、环境因子的响应[108-110]。

土壤生态系统的特征监测与质量评价是评价土壤现状、预测土壤演替方向的重要工作,也是促进土壤生态系统可持续利用和建立土壤管理评估框架体系(Soil Management Assessment Framework,SMAF)的重要组成部分[111,112]。尽管土壤质量评价非常重要,由于土壤生态系统的复杂性和空间异质性大,国际上对土壤质量评价还没有统一的标准。当前常用的土壤质量评价方法主要有多变量克里格法、土壤质量动力学法、土壤质量综合评价法等。随着土壤学科的发展以及和地统计学、3S 技术、模糊数学和计量经济学等学科交叉发展,对土壤质量的评价方法已经从定性化向定量化发展。

矿区复垦场地土壤往往面临着土层结构不合理、保水保墒能力差、营养组分含量低或养分不均衡、有害物质含量过高等情况。国内外针对矿区复垦土壤改良措施做了不少研究。目前常见的复垦土壤改良措施一般可分为物理改良、化学改良、植物改良和微生物改良。如在改善复垦土壤物理结构方面,采用了表土保护利用技术、客土覆盖技术等;在改善复垦土壤营养组分缺乏等方面,采用了施用有机肥、加入生物炭、掺入剩余污泥等措施;针对复垦土壤中重金属含量过高,通过使用化学稳定剂、钝化剂改变重金属的迁移特性和生物利用性,或使用超累积植物降低土壤重金属含量;针对复垦土壤酸化问题,通过施用硅酸钙、碳酸钙、熟石灰和粉煤灰等物质中和酸性土壤;针对复垦土壤保水保墒能力差、营养物质含量低,在复垦植物的选择上偏重于耐受性较强、根系发达、固氮能力强的物种;在作物耕作措施上采用轮作、间作等手段;在微生物改良方面接种丛枝真菌来增加植物的营养物质吸收能力,增强植物的抗逆性等[113-116]。

1.3 存在的问题

目前国内外对矿区复垦土壤研究集中在陆地景观的恢复和土壤剖面重建;研究指标体系主要涉及土壤理化性质对生态恢复的响应、生态过程中生物物种多样性变化及水土保持效应研究等方面。而对复垦后土壤持续性监测研究较少,尤其是针对复垦场地土壤生物学特性动态变化过程缺少综合系统的研究。主要存在的问题有以下几点：

　　① 对复垦后场地土壤生物学特性时空变化长期定位监测数据较少，缺乏对复垦场地生物学特性变化机理的系统的分析和研究。

　　② 缺乏复垦场地充填物料对土壤生物学特性影响的研究，对复垦场地土壤生物学特性、土壤物理、土壤化学性质之间的相关性研究较少。

　　③ 对如何有效、快速的改善复垦土壤生物学特性方法的研究较少。

1.4　研究目标、内容与方法

1.4.1　研究目标

　　① 利用场地实验和室内分析相结合的手段，解析采煤沉陷区充填复垦土壤（以煤矸石充填复垦土壤为例）生物学特性时空变化规律；

　　② 研究煤矸石、粉煤灰与湖泊底泥三种充填物料对复垦土壤生物学特性的影响；

　　③ 利用土壤激发效应原理，提出改善矿区复垦土壤生物学指标和有效推进土壤生产力提升的途径。

1.4.2　研究内容

　　本书以我国华东地区采煤沉陷区充填复垦场地为研究对象，对复垦场地土壤生物学特征进行研究，并分析与之有关的物理、化学、重金属含量等土壤要素指标。整个研究内容分三个方面：

　　① 采用空间序列替代时间序列法研究复垦土壤生物学特性

的时空变化规律。以煤矸石充填复垦土壤为例研究复垦完成 1 年、2 年、4 年、5 年、8 年、12 年后土壤微生物数量、微生物量碳含量、微生物量氮含量、土壤呼吸速率、土壤微生物代谢熵、土壤酶活性等生物学指标,分析复垦土壤生物学特性时空变化趋势以及与土壤理化性质、重金属含量等指标间的关系,判断复垦土壤质量的演替方向等。

② 研究不同充填物料(煤矸石,电厂粉煤灰,湖泊底泥)对复垦土壤生物学特性的影响。分析三种来源和性质不同的充填物料对复垦土壤生物学特性的影响,并研究复垦土壤生物学特性与土壤理化性质、重金属等指标间的关系,为采煤沉陷区复垦场地因地制宜地筛选充填基质提供理论依据。

③ 针对复垦土壤植物生长缓慢、营养元素周转速率慢、生物学指标较低等问题,根据激发效应(Priming effect,PE)原理,分析复垦场地植物根系分泌物—土壤生物学特性—土壤氮素周转之间的关系,提出通过添加外源小分子碳源和氮源以促进复垦土壤激发效应,提高其生物学特性的复垦土壤改良措施。

1.4.3 研究方法

本书依据生态恢复学、环境化学、生物化学、环境生态学等基本理论,综合运用生态学、生物化学、微生物学、地统计学等测试、统计方法,在场地实测、实验室培养、室内检测与模拟、建立数学模型等手段的基础上,研究煤矿区复垦场地土壤生物学指标变化趋势以及与土壤物理、化学、重金属含量等指标的相关性,分析环境要素的对复垦土壤生物学指标的影响,具体方法如下:

1. 资料收集及实地调研

收集国内外矿区土地复垦案例及土壤生态系统恢复的相关文献,对复垦场地基本情况进行初步调研。

2. 野外样品采集、实验室样品检测与模拟实验

在完成文献调研的基础上,进行野外样品采集,在实验室完成土壤微生物量碳、土壤微生物量氮、土壤酸性磷酸酶活性、土壤脲酶活性、细菌数量、真菌数量、放线菌数量、土壤基础呼吸、土壤微生物代谢熵等生物学指标的测试;测定能影响土壤生物学特征的理化指标,如含水量、紧实度、有机质、全氮、速效磷、速效钾、有机碳、重金属等指标的测试工作。

3. 数据分析、模型建立、改良措施的提出

在实验的基础上,应用模糊数学理论、因子分析、主成分分析、Pearson 相关性分析等方法对实验数据进行处理和分析。力图找出复垦土壤数据间内在联系,建立合适的数学模型,提出合适的复垦土壤生物学特性改良措施。

1.5　技术路线

本书以"剖析限制因素——揭示复垦场地土壤生物学特性变化机理——提高复垦土壤可利用程度"的分层推进、逐级提高、综合突破技术路线开展研究。矿区复垦场地土壤是一种典型的人造土壤,很难将其按常规土壤分类标准将其归类,所以国外一般简单称其为新成土(Orthents)[117]。根据课题组研究基础,笔者认为,采煤沉陷区复垦场地初始阶段可以视为次生裸地,其演替过程受到三方面的影响,即时间要素、环境要素和管理要素。笔者在研究中选取环境要素、时间要素和管理措施进行研究,首先解析复垦场地土壤生物学特性时空变化规律;其次研究充填基质对生物学特性的影响;再揭示复垦场地中土壤生物学特性的变化机理,提出改善矿区复垦场地土壤生物指标和有效推进土壤生产力提升的途径。总体思路如图 1-1 所示。

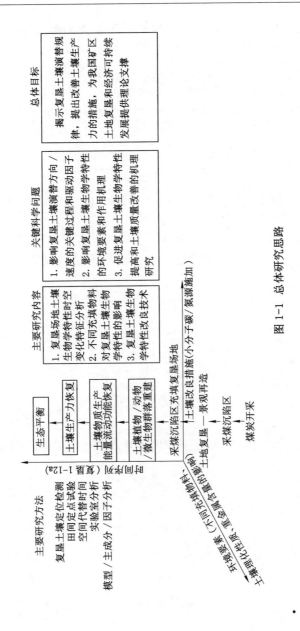

图 1-1 总体研究思路

根据研究目标、研究内容和研究思路,制订技术路线图如图1-2 所示。

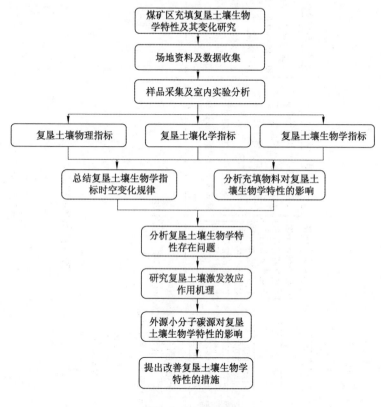

图 1-2　技术路线图

2 研究区概况与实验方法

2.1 研究区概况

2.1.1 地理位置

研究区域位于我国重要的淡水湖——南四湖(南阳湖、独山湖、昭阳湖和微山湖)流域两侧(图 2-1),地处东经 $116°34'\sim118°40'$,北纬 $33°23'\sim35°57'$,总面积为 224.45×10^4 hm^2。该区域位于江苏和山东两省交界处,在行政区划上分属于山东省济宁市和江苏省徐州市。

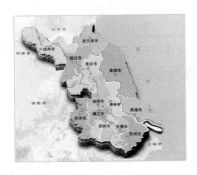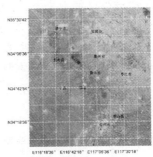

图 2-1 研究区域地理位置示意图

2.1.2 研究区域自然概况

研究区域位于黄泛区冲积平原与低丘陵相间地带,年平均降水量在 700~900 mm,蒸发量为 800~1 100 mm,年平均气温为 13.5 ℃,年平均日照时间 2 530 h 左右,全年无霜期在 210 天左右;该区域属于暖温带半湿润季风大陆性气候,气候四季分明,年降水量的 60%~70%集中在 5~8 月间,雨热同期。地带植物以落叶阔叶林为主,是我国传统的农作物种植区。

本区域内地表水属于淮河流域沂泗水系,水资源丰富,境内有白马河、泗河等 9 条河流,总集水面积超过 1 000 km²。京杭大运河和南水北调东线工程从境内穿过,南阳湖、独山湖、昭阳湖和微山湖相互贯通,形成我国北方最大的淡水湖南四湖。区域内地下水位埋深较浅,为典型的高潜水位区,南四湖东边区域地下潜水位约为 3~10 m,南四湖湖西边区域地下潜水位约为 1~3 m,个别地方小于 1 m。

本区域土壤以潮土为主,疏松多孔,其土壤质地、耕作性和肥力均为适宜的农用土壤。由于长期的开发利用,区域内原有的天然植被已经消失不见,现存的植被类型主要以农作物、人工种植植被和次生演替植被为主。主要农作物为小麦、水稻、玉米、黄豆、棉花、甘薯等;主要乔木树种为杨树、柳树、侧柏、刺槐、黑松、马尾松等,主要灌木物种为大叶黄杨、蔷薇、紫薇、夹竹桃等,主要草本植物为狗牙根、黑麦草、高羊茅、虎耳草、芦苇、香蒲等。

2.1.3 研究区域社会经济概况

本研究区域土地面积为 224.45×10⁴ hm²,人口总数为 1781.31 万人,其中耕地面积为 122.24×10⁴ hm²,粮食产量为 523.15 万吨。地区国民生产总值为 7 937.72 亿元,其中工业总产值 16 023.10 亿元。研究区域矿产资源丰富,尤其以煤炭资源最为丰富,隶属于中国 14 个大型煤炭基地中的鲁西基地。该区域已探明煤炭资源储量 180.95 亿 t,含煤面积为 56.29×10^4 hm²,煤种以低硫、低磷、低灰和高热量著称。境内有兖矿集团、裕隆集团、济矿集团、徐矿集团和大屯煤电公司等大中型国有煤炭企业,拥有 71 对矿井,原煤年产量约为 10 607 万吨,产值约 1 500 亿元。已有数据表明,本研究区域煤炭资源正处于开采中后期,按目前开采规模预算,大部分矿井将在 30 年后面临着资源枯竭。长期的煤炭开采和利用矿区土地退化问题,尤其以矿区土地沉陷问题较为突出。以济宁市为例,截至 2012 年年底累计沉陷面积约 2.87 万 hm²,预计到 2020 年沉陷面积将增加到 4.67 万 hm²,最终沉陷面积将达到 12 万 hm²。

2.2　实施方案

采煤沉陷区充填复垦是在因地制宜、循环经济等原则的指导下,利用煤炭企业的副产品煤矸石、粉煤灰等材料作为充填物料回填至采煤沉陷区内。待充填物料厚度达到设计要求后,将物料进行压实、平整,最后在充填物料上方覆盖上熟土以达到可利用程度。本研究区内采煤沉陷区土地复垦采用物料为煤矸石、电厂粉煤灰和湖泊底泥。采煤沉陷区充填复垦场地土壤剖面结构情况见图 2-2。

采煤沉陷区充填复垦场地用途为农用地,耕作方式为冬小麦—水稻轮作,复垦场地小麦生长情况见图 2-3。

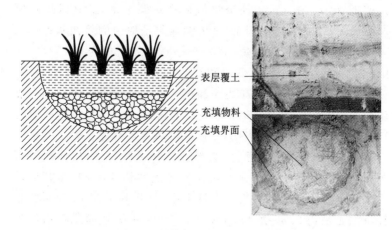

图 2-2　充填复垦土壤结构示意图

图 2-3　充填复垦场地现状图

2.2.1　煤矸石充填复垦场地土壤生物学特性随时间变化研究

　　煤矸石充填复垦土壤生物学特性随时间变化研究场地位于山东省邹城市中心店镇(图 2-4)。图 2-4 中 A 区域为复垦完成区域,B 区域为未复垦区域。中心店镇采煤沉陷区地下潜水位较高,沉陷区呈长期积水状态,平均水深大于 1.5 m,水生植物以芦苇和菖蒲为主。

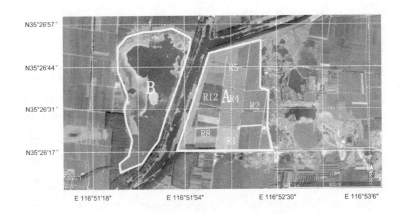

图 2-4　邹城充填复垦场地位置图

采煤沉陷区煤矸石复垦场地工程由中国煤炭科学研究院设计完成,于 2001～2010 年间实施,复垦工艺为煤矸石充填——表土覆盖法,具体工艺流程如下:根据井上下对照图,在开采区域地表未沉陷或沉陷初期预先剥离表土堆存以待使用;待采煤沉陷区稳定后,排除沉陷盆地内积水,清除盆地内杂物;通过预实验确定压实参数和煤矸石用量;根据预实验结果,一次性用煤矸石将沉陷盆地回填至设计标高并平整压实,矸石充填层厚度约 2～4 m;最后将预先剥离并储存的表土进行回填并平整,表土厚度约为 0.4～0.6 m,并在平整后的复垦场地上种植农作物。

按照实验内容和要求,研究场地采用空间序列代替时间序列法,将恢复后的场地按照复垦完成时间进行命名:

Control:对照土壤,选取复垦场地周边非沉陷区场地;

R1:复垦时间为 1 年;

R2:复垦时间为 2 年;

R4:复垦时间为 4 年;

R5:复垦时间为 5 年;

R8:复垦时间为 8 年;

R12:复垦时间为 12 年。

研究场地土壤样点布置方式为 S 型,共计设置 7×5 个采样点。尽量使所选样点具有典型性和代表性。土层深度采取常用的农耕地分层方法采集 0~20 cm 和 20~40 cm 土层土样。将所取土样置入灭菌封口袋中,立即放入冷藏箱内带回实验室。将土壤样品带回实验室后分为两份,一部分样品保存于 4℃冷藏柜,在 48 小时内做微生物活菌数测定;一部分土壤风干后除去石子、枯枝落叶及植物根系,风干土样用于做土壤的部分物理化学性质、微生物量碳、微生物量氮、重金属含量分析和土壤酶活性测定。

2.2.2 三种不同充填物料对复垦土壤生物学特性的影响研究

三种不同充填物料(煤矸石,粉煤灰,湖泊底泥)对复垦土壤生物学特性的影响研究实验场地位于江苏省徐州市采煤塌陷区复垦示范中心。按照充填物料的不同将复垦场地分为煤矸石复垦场地、粉煤灰复垦场地和底泥充填复垦场地。

煤矸石复垦场地和粉煤灰复垦场地均位于徐州市垞城矿附近采煤沉陷区。该区域采煤沉陷区形成于 20 世纪 80 年代,平均沉陷深度大于 1.5 m,总塌陷面积约为 2 000 hm²。复垦工程于 1997 年完成,总复垦面积为 703 hm²,其中耕地面积为 277 hm²。煤矸石复垦场地位置位于柳新镇垞城矿东北侧(图 2-5),复垦场地用所需煤矸石填来源于沉陷区附近的垞城煤矿(图 2-6 中 C 位置)。复垦工艺与邹城复垦场地相同,即将块粒大小不等的煤矸石直接充填到沉陷区至设计标高,然后用推土机将煤矸石平整并压实。最后将事先剥离并存储的表土覆盖在煤矸石上,覆土厚度约60 cm。最后在覆土上种植农作物。

图 2-5 煤矸石复垦场地位置图

图 2-6 粉煤灰复垦场地位置图

　　粉煤灰复垦场地位于徐州市坨城电厂南侧(图 2-6),图中 A 区域为粉煤灰复垦场地,B 区域为对照区。粉煤灰充填场地复垦工程于 1998 年完,复垦场地施工工艺为:在沉陷初期将沉陷区表土层进行剥离并储存;待采煤沉陷区稳沉后清理盆地内积水及杂物;将沉陷区北侧垞城电厂(图 2-6 D 区域)的粉煤灰通过专用粉煤灰输送管道运至沉陷区进行充填,粉煤灰填充厚度为 1~5 m。待粉煤灰自然沉降后将其平整;最后在平整后的粉煤灰上覆上预先剥离的表土 60 cm 左右,在覆土上种植农作物。

湖泊底泥复垦场地位于徐州市姚桥矿采煤沉陷区(图 2-7),图中 A 区域为复垦场地,B 区域为微山湖。复垦工程于 1999 年完成,新增耕地面积为 15.33 hm²。复垦工艺方法如下:首先围绕采煤沉陷区进行围堰填筑,使用绞吸式挖泥船从微山湖中吸取底泥,通过输送管道将泥水混合物运至沉陷区;因泥水混合物含水量较高,输送至沉陷区后,通过静置的方法使湖泊底泥自然沉降,待底泥充分沉降后,通过排水渠除去表层水分。考虑湖泊底泥的自然固缩,在施工中底泥充填高度比设计标高超出 10% 左右。待湖泊底泥沉缩固结后,直接在复垦底泥上种植农作物。

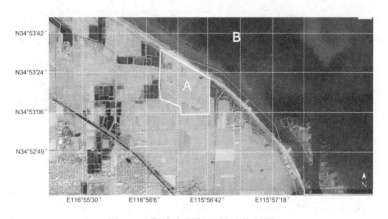

图 2-7　湖泊底泥复垦场地位置图

煤矸石复垦场地、粉煤灰复垦场地和湖泊底泥复垦场地采样点布置方式均为 S 形,每个场地分别设置 5 个采样点。尽量使所选样点具有典型性、代表性。土层深度采取常用的农耕地分层方法采集 0～10 cm,10～20 cm 和 20～50 cm 土层土样。将所取土样置入灭菌封口袋中,立即放入冷藏箱内带回实验室。

所采土壤样品带回实验室后分为两份,一部分样品保存于 4℃冷藏柜,在 48 小时内完成微生物接种培养、微生物量碳、微生物量氮和土壤酶活性测定;一部分土壤风干后除去石子、枯枝落叶及植物根系,风干土样用于做土壤的部分物理化学性质和重金属含量分析。

2.2.3 复垦场地土壤生物学特性改善措施研究

实验分为复垦土壤根系分泌物激发效应研究和外源小分子碳/氮源添加对土壤生物学特性影响研究两部分,具体实验过程如下:

复垦土壤根系分泌物激发效应研究于 2012～2013 年间进行。在田间自然条件下,分别在煤矸石复垦场地、粉煤灰复垦场地和对照场地各设置样点 5 个。在冬小麦拔节期、开花期、成熟期对植物和土壤性质进行测定和取样。土壤含水率、温度和电导率利用土壤多参数仪(WET-2)进行测定,土壤净氮矿化和净硝化速率采用埋袋法测定。每样点取小麦 5 棵统计株高、根长,将样品保存在塑料袋中带回实验室,蒸馏水洗净根系土壤后于 85 ℃烘干 24 小时后分析生物量。小麦根系分泌物收集同期进行,采用原位真空抽滤法进行收集[15]。小麦根系分泌物取样结束后,采用四分法将 0～20 cm 土层土壤混合取样,土壤样品采集后立即放入冰盒中带回实验室分析。

外源小分子碳、氮添加对复垦土壤微生物特性影响所需土壤样品采自煤矸石复垦场地(R1)。所需土壤采用多点采集混合样品,即将 0~20 cm 土层土壤采用剥离法放入封口袋中带回实验室。土壤样品在室内风干,除去样品中砾石、植物根系后过 2 mm土壤筛后备用。取风干后备用的土壤样品称重分组,共计 $200g \times$ 27 组。用去离子水将称重后土壤含水量调节至田间持水量(WHC)的 60%,分别放入 500 mL 广口瓶中。将 27 个广口瓶放入恒温培养箱中,调节温度至 20 ℃后预培养 7 天,在培养过程中称重补充水分,维持土壤湿度相对稳定。

预培养 7 天后,将所有广口瓶分为 9 组并编号,每组为 3 个重复。小分子碳源添加物为葡萄糖($C_6H_{12}O_6$),小分子氮源添加物为硝酸铵(NH_4NO_3)。具体添加方式如下:

对照组(Control ,CTL):空白对照组;

低碳组(Low Carbon,LC):添加葡萄糖含量至 $1\ mg \cdot g^{-1}$干土;

高碳组(High Carbon,HC):添加葡萄糖含量至 $10\ mg \cdot g^{-1}$干土;

低氮组(Low Nitrogen,LN):添加硝酸铵含量至 $1\ mg \cdot g^{-1}$干土;

高 氮 组 (High Nitrogen, HN): 添 加 硝 酸 铵 含 量 至$10\ mg \cdot g^{-1}$干土;

低碳低氮组(Low carbon and low nitrogen,LCLN):添加葡萄糖含量至 $1\ mg \cdot g^{-1}$干土,添加硝酸铵含量至 $1\ mg \cdot g^{-1}$干土;

高碳低氮组(High carbon and low nitrogen,HCLN):添加葡萄糖含量至 $10\ mg \cdot g^{-1}$ 干土,添加硝酸铵含量至 $1\ mg \cdot g^{-1}$干土;

低碳高氮组(Low carbon and high nitrogen,LCHN):添加葡萄糖含量至 $1\ mg \cdot g^{-1}$干土,添加硝酸铵含量至 $10\ mg \cdot g^{-1}$干土;

高碳高氮组(High carbon and high nitrogen,HCHN):添加葡萄糖含量至 $10\ mg \cdot g^{-1}$干土,添加硝酸铵含量至 $10\ mg \cdot g^{-1}$干土。

处理后的土壤放入恒温培养箱内于 20 ℃下继续培养,保持水分相对恒定及通风。分别在第 7 天、30 天测定土壤微生物量碳、微生物量氮、土壤酶和土壤呼吸等指标。

2.3 土壤测试指标

根据国内外文献资料选取了测定土壤生物学指标和相关的物理指标、化学指标和重金属指标。具体指标及测试方法如下:

① 土壤容重测定:采用环刀法[118];

② 土壤紧实度测定:使用土壤紧实度测定仪;

③ 土壤含水率及电导率测定:采用土壤三参数速测仪(HH-WET-2,UK);

④ 土壤 pH 值采用 pHS-3C 型 pH 计测定:即称取过 1 mm 土筛的风干土壤样品 4.00 g,置于 50 mL 离心管中,向离心管中加入 10 mL 预除 CO_2 的去离子水,180 rpm 振荡 30 min,取出静置 30 min 后用 pH 计测定[118]。

⑤ 土壤有机碳测定:采用重铬酸钾容重法测定[118]。称取过 0.25 mm 土筛的风干土壤样品 0.20 g 加入消煮管,加入粉末状 Ag_2SO_4 0.1 g,加入 10 mL 0.14 mol/L 的 $K_2Cr_2O_7$—H_2SO_4 的溶液 10 mL,摇匀后在试管口加一小漏斗。消煮仪预热至 181~185 ℃,样品放入消煮管后控制在 180 ℃左右。当试管中反应液沸腾时开始计时,沸腾 5 min 后终止反应,冷却后用蒸馏水冲洗漏斗。将试管内全部溶液转移至 250 mL 锥形瓶中,使瓶内液体总体积在 80 mL 左右。加入 3~4 滴邻菲罗啉指示剂,用酸式滴定管准确加入 0.2 mol/L 的 $FeSO_4$ 溶液,当溶液由淡绿色转为棕红色时终止反应。同时使用石英砂做空白对照。有机碳计算参照公式(2-1),有机质含量由公式 2-2 计算而来:

$$土壤有机碳含量 A\% = [(V_0 - V) \times M \times 0.003 \times 1.1 \times 100]/W$$

$$(2\text{-}1)$$

$$土壤有机质含量 B\% = 土壤有机碳含量 A\% \times 转换系数$$

$$(2\text{-}2)$$

式中 V_0——空白对照消耗的 $FeSO_4$ 溶液体积,mL;

V——土壤样品消耗的 $FeSO_4$ 溶液体积,mL;

M——$FeSO_4$ 标准溶液浓度,mol/L;

0.003——1/4 碳原子的摩尔质量数 3 g/mol$\times 10^{-3}$,将 mL 转化成 L 的系数;

1.1——氧化校正系数;

W——烘干土样质量,g。

⑥ 土壤总氮测定:采用开氏消煮法[118]。称 1 g 左右过 0.25 mm 土筛的风干土壤样品,放入干燥的开氏瓶中。加入 1.1g 左右的混合催化剂,移入浓硫酸 3 mL,在瓶口加盖小漏斗,放在消煮炉上消煮至黑色碳粒完全消失为止,停止加热,冷却后将所有液体转入凯氏瓶中蒸馏。将锥形瓶接在冷凝管的下端,并使冷凝管浸在锥形瓶的液面下,锥形瓶内预先加入 25 mL 2% 的硼酸吸收液和定氮混合指示剂 1 滴。5 min 后,取出锥形瓶,在冷凝管下端取 1 滴蒸出液于白色瓷板上,加纳氏试剂 1 滴,如无黄色出现,即表示蒸馏完全,否则继续蒸馏至完全。蒸馏完全后,用 0.02 mol/L 盐酸标准溶液滴定,测定同时做空白试验,按公式(2-3)计算:

$$土壤全氮含量 X\% = [(V_0 - V) \times C \times 0.014 \times 100]/W \quad (2\text{-}3)$$

式中 V_0——滴定空白时消耗的 H_2SO_4 溶液毫升数,mL;

V——滴定样品时消耗的 H_2SO_4 溶液毫升数,mL;

C——硫酸(1/2 H_2SO_4)标准溶液浓度,mol/L;

0.014——氮原子的摩尔质量数$\times 10^{-3}$,将 mL 转化成 L 的系数;

W——风干土样质量,g。

⑦ 土壤速效磷测定:采用比色法,即取 2.5 g 过 2 mm 土筛的风干土壤置于塑料瓶中,加入 1 g 无磷活性炭,移入 0.5 mol·L^{-1} NaHCO$_3$ 的溶液 50 mL,25℃温度下以 180 r/min 的频率震荡 30 min,使用无磷滤纸过滤。量取滤液 10 mL 放入容量瓶中,加入显示剂 5 mL,排除 CO$_2$ 后定容至 25 mL。测量其在 700 nm 波长处的吸光度值。结果按照公式 2-4 计算。

$$速效磷(mg·kg^{-1}) = \rho(P) \times V \times D/W \qquad (2-4)$$

式中 $\rho(P)$——测定液中 P 的质量浓度,$\mu g·mL^{-1}$

V——显色液体积,25 mL;

D——分取倍数,50/10;

W——风干土样质量,g。

⑧ 土壤速效钾测定:采用 NH$_4$OAC—火焰光度法,即称取通过 2 mm 土筛的风干土样 5.00 g 于锥形瓶中,加入 1 mol·L^{-1} 中性 NH$_4$OAC 溶液 50 mL,塞紧橡皮塞,120 r/min 振荡 30 分钟,用干的普通定性滤纸过滤。滤液盛于小三角瓶中,同钾标准系列溶液一起在火焰光度计上测定。记录其检流计上的读数,然后从标准曲线上求得其浓度,按公式(2-5)计算。

$$土壤速效钾(mg·kg^{-1}) = \rho \times V \times t_s/W \qquad (2-5)$$

式中 $\rho(P)$——标准曲线中 K 的质量浓度,$mg·mL^{-1}$

V——测定液定容体积;

t_s——分取倍数

W——烘干土样品的质量,g;

⑨ 土壤微生物数量分析:采用传统的琼脂平板稀释培养法测土壤微生物数量。其中细菌数量采用牛肉膏—蛋白胨培养基培养测定;真菌数量采用用马铃薯葡萄糖琼脂培养基培养测定;放线菌数量采用用高氏 1 号培养基培养测定。

⑩ 土壤微生物量碳(MBC):采用氯仿熏蒸浸提方法测定,称取相当于烘干质量 20 g 的湿润土壤 3 份于 50 mL 烧杯中,与盛有

50 mL 无酒精氯仿的烧杯一起放入真空干燥器中,抽真空至氯仿沸腾后保持 3 min,关闭阀门,25 ℃下培养 24 h 后,再次抽真空至完全去除土壤中的氯仿。将土壤完全转移到 200 mL 三角瓶中,加入 0.5 mol · L⁻¹ K₂SO₄ 溶液 80 mL,充分振荡 30 min 过滤,滤液中有机碳含量。另称取等量土壤做未熏蒸对照,测定滤液中有机碳含量。

微生物量碳的计算采用公式:

$$MBC(mg · kg^{-1}) = Ec/0.38 \qquad (2-6)$$

式中　0.38——微生物量碳系数,表示微生物量碳浸提测定的比例;

Ec——K₂SO₄ 浸提液中的微生物量碳占土壤中总微生物生物量碳的比例。

⑪ 土壤微生物量氮(MBN):土壤微生物量氮采用氯仿熏蒸,K₂SO₄ 提取后茚三酮比色法测定。熏蒸过程同微生物生物量碳的测定,取 1.50 mL 提取液于 40 mL 硬质试管中,加入 3.5 mL 柠檬酸缓冲液,使提取液中 CaSO₄ 和 K₂SO₄ 彻底溶解,再慢慢加入 2.5 mL 茚三酮试剂,彻底混匀。将试管置于沸水浴中加热 25 min,使加入试剂时产生的沉淀彻底溶解,待溶液冷却至室温,加入 9.0 mL 乙醇溶液,混匀,在 570 nm 波长下读取吸光度。其计算公式(2-7)。

$$MBN = m × E_{min-N} \qquad (2-7)$$

式中　E_{min-N}——熏蒸与未熏蒸土壤的差值;

m——5.0 为转换系数。

⑫ 土壤基础呼吸速率:土壤基础呼吸速率测定采用碱液吸收法,即取 20 g 新鲜土壤置于 500 mL 培养瓶中,将土壤含水量调节至田间持水量的 60%。取 0.1 mol · L⁻¹ 的 NaOH 溶液 5 mL 放入 10 mL 吸收瓶中,将盛有 NaOH 溶液的吸收瓶放入培养瓶中,再将培养瓶密封。20 ℃恒温下培养 24 小时,取出吸收瓶,用除去

CO_2 的蒸馏水定容,取出 5 mL 溶液,用标准 HCl 溶液滴定。

⑬ 土壤酶活性测定:土壤葡萄糖苷酶活性采用对硝基苯酚法测定;土壤碱性磷酸酶的测定采用苯磷酸二钠比色法;土壤脲酶的测量采用茶酚－次氯酸钠比色法;土壤中的过氧化氢酶测定采用 $KMnO_4$ 滴定法;土壤蔗糖酶的测量采用 3,5-二硝基水杨酸比色法;土壤芳基硫酸酯酶对硝基酚比色法[118]。

⑭ 土壤重金属含量测定:复垦土壤重金属测定方法采用浓 HNO_3-$HClO_4$ 消解,ICP-OES 测定法[118]。

2.4　实验区土壤理化性质

土壤理化性质是影响复垦场地土壤生物学特性重要的环境因子。本书研究所涉及的研究场地土壤理化性质主要有土壤含水率、紧实度、容重、电导率、有机质、总氮、速效磷和速效钾等指标。一般说来,复垦场地土壤理化指标数值大小受复垦时间长短、大气降水量、地下水位高低、土壤构建方式和耕作方式等条件影响。

2.4.1　邹城煤矸石充填复垦土壤理化特性

煤矸石充填复垦土壤理化指标不仅能表明土壤当前所处的状态,揭示土壤中碳、氮、磷等养分的可利用水平,同时能直接或间接的影响土壤的生物学特性。邹城煤矸石充填复垦土壤中水分、紧实度、电导率、有机质、总氮、速效磷、速效钾等理化性质情况见表 2-1。

2.4.2　三种不同充填物料复垦土壤理化性质

复垦场地土壤充填物料(煤矸石,粉煤灰,湖泊底泥)理化性质不仅与风化土壤差异较大,三种物料之间理化性质差异也较大,能改变复垦场地土壤理化性质。煤矸石、粉煤灰和湖泊底泥三种物料充填复垦场地理化性质情况见表 2-2。

表 2-1　　　　邹城复垦场地土壤理化性质

复垦时间	容重/(g·cm⁻³)				紧实度/kPa				含水率/%			
	0~20 cm		20~40 cm		0~20 cm		20~40 cm		0~20 cm		20~40 cm	
	mean	SD	mean	SD	mean	SD	mean	SD	mean	SD	mean	SD
对照	1.22	0.05	1.36	0.07	356	42	857	29	21.42	2.26	23.34	2.77
R1	1.58	0.16	1.61	0.21	475	62	1243	96	9.89	1.58	11.39	1.77
R2	1.60	0.08	1.59	0.12	363	47	1078	76	12.74	1.26	14.74	2.43
R4	1.37	0.05	1.56	0.06	383	48	992	72	14.98	2.28	16.32	2.84
R5	1.29	0.07	1.51	0.04	379	49	926	68	18.01	2.69	20.51	3.40
R8	1.28	0.04	1.45	0.07	384	38	940	43	17.32	2.97	20.08	2.75
R12	1.25	0.06	1.51	0.05	383	42	925	52	16.12	1.46	23.55	2.86

续表 2-1

复垦时间	pH				电导率(ms·m⁻¹)				有机质/(g·kg⁻¹)			
	0~20 cm		20~40 cm		0~20 cm		20~40 cm		0~20 cm		20~40 cm	
	mean	SD	mean	SD	mean	SD	mean	SD	mean	SD	mean	SD
对照	5.97	0.15	5.98	0.17	72.70	1.22	0.05	1.36	22.32	2.90	8.97	0.43
R1	8.44	0.39	8.45	0.31	454.60	1.58	0.16	1.61	5.07	1.28	4.86	0.43
R2	8.37	0.24	8.35	0.22	442.80	1.60	0.08	1.59	10.83	1.50	4.91	0.21
R4	8.16	0.17	8.09	0.15	376.10	1.37	0.05	1.56	13.17	2.19	5.28	0.20
R5	7.97	0.36	7.96	0.28	260.60	1.29	0.07	1.51	16.98	2.86	5.75	0.49
R8	8.01	0.26	7.92	0.16	246.70	1.28	0.04	1.45	16.37	2.55	6.36	0.46
R12	7.93	0.27	7.94	0.29	215.80	1.25	0.06	1.51	19.51	3.25	7.17	0.48

续表 2-1

| 复垦时间 | 总氮/(g·kg⁻¹) | | | | 速效磷/(mg·kg⁻¹) | | | | 速效钾/(mg·kg⁻¹) | | | |
| | 0~20 cm | | 20~40 cm | | 0~20 cm | | 20~40 cm | | 0~20 cm | | 20~40 cm | |
	mean	SD	mean	SD	mean	SD	mean	SD	mean	SD	mean	SD
对照	2.27	0.13	0.93	0.12	27.39	6.13	13.44	3.42	286.64	37.17	148.14	17.39
R1	0.72	0.04	0.76	0.07	7.75	4.28	4.25	1.37	50.88	11.74	28.16	7.40
R2	1.36	0.07	0.74	0.06	9.06	4.08	5.04	1.65	81.75	14.82	44.77	6.07
R4	1.45	0.05	0.79	0.07	9.16	5.88	6.89	1.53	79.15	14.13	57.51	7.97
R5	1.57	0.07	0.81	0.06	12.05	4.01	6.63	1.08	126.32	25.93	78.68	8.31
R8	1.59	0.11	1.12	0.09	14.50	4.73	7.70	2.04	133.81	28.15	81.44	12.74
R12	1.73	0.19	0.85	0.08	21.36	5.95	7.59	1.76	191.64	39.72	79.63	11.30

表2-2　徐州复垦场地土壤理化性质

	土层	容重/(g·cm⁻¹)		紧实度/kPa		含水率/%		pH	
		mean	SD	mean	SD	mean	SD	mean	SD
对照场地	0~10	1.21	0.06	329.334	44.62	20.99	12.31	8.17	0.035
	10~20	1.26	0.07	333.32	35.54	21.71	1.30	8.55	0.01
	20~50	1.34	0.15	400	25.21	21.91	4.99	8.57	0.063
煤矸石复垦场地	0~10	1.18	0.04	195.998	17.38	16.12	3.27	7.97	0.054
	10~20	1.26	0.07	198.67	32.37	20.80	4.78	8.38	0.084
	20~50	1.41	0.09	285.934	164.94	23.53	4.70	8.43	0.074
粉煤灰复垦场地	0~10	1.13	0.07	161.600	39.50	22.27	5.43	8.38	0.18
	10~20	1.19	0.06	214.98	13.28	22.30	5.92	8.61	0.12
	20~50	1.21	0.08	106.87	14.57	29.73	5.65	8.55	0.15
湖泊底泥复垦场地	0~10	1.46	0.12	233.310	47.51	23.76	7.67	8.31	0.15
	10~20	1.51	0.12	106.0	13.83	34.89	3.96	8.36	0.22
	20~50	1.47	0.06	87.6	10.28	52.12	3.83	8.36	0.12

续表 2-2

土层	电导率 /(ms·m⁻¹)		有机质 /(g·kg⁻¹)		总氮 /(g·kg⁻¹)		速效磷 /(mg·kg⁻¹)		速效钾 /(mg·kg⁻¹)	
	mean	SD	mean	SD	mean	SD	mean	SD	mean	SD
对照场地 0~10	122.70	15.96	33.69	13.81	3.28	1.32	56.57	10.17	547.93	139.99
对照场地 10~20	91.20	18.20	15.81	4.09	2.31	0.96	27.28	13.32	530.33	172.76
对照场地 20~50	148.66	19.28	15.53	6.04	2.35	0.87	24.26	13.12	233.22	95.21
煤矸石复垦场地 0~10	147.13	19.38	25.98	9.90	4.07	2.12	27.39	15.12	274.92	120.90
煤矸石复垦场地 10~20	138.03	21.63	11.54	2.62	2.30	0.91	7.15	1.21	160.47	41.87
煤矸石复垦场地 20~50	172.99	23.70	9.96	2.97	1.52	0.37	5.16	3.27	148.14	66.9
粉煤灰复垦场地 0~10	220.70	32.19	5.09	2.45	1.46	0.24	28.99	12.47	147.02	21.89
粉煤灰复垦场地 10~20	237.45	26.75	4.61	0.69	1.17	0.14	10.89	7.03	64.22	26.78
粉煤灰复垦场地 20~50	203.65	11.97	4.28	0.61	1.22	0.24	7.03	3.54	56.93	14.93
湖泊底泥复垦场地 0~10	109.73	13.18	17.52	3.26	1.06	0.19	84.33	18.30	239.16	24.95
湖泊底泥复垦场地 10~20	126.89	14.71	14.20	4.13	0.85	0.25	60.83	11.21	229.5	104.1
湖泊底泥复垦场地 20~50	148.37	12.17	8.56	1.12	0.62	0.07	42.75	8.26	237.00	24.50

2.5 数据分析

所有数据均用 Pasw Statistics 18(SPSS18.0)软件进行统计分析,最小显著差数法(LSD)和单因素方差分析(One-way ANOVA)用于不同复垦年限和不同充填介质各指标间的比较和差异显著性检验。用 Pearson's 相关分析法分析相关性。所有参数指标均在 $P>0.05$ 表征数据间无显著性差异,$P<0.05$ 表征数据间差异显著,$P<0.01$ 表征数据间差异极显著。

3 复垦土壤生物学特性随时间变化研究
——以煤矸石充填复垦场地为例

　　土壤微生物通常指土壤中细菌、真菌和放线菌等具有生命活性特征的个体，土壤微生物一般体积小于 $5 \times 10^3 \ \mu m^3$。土壤微生物在土壤 C、N、P、K 等养分循环、土壤物理结构的形成与演化、植物生长等过程中起着关键作用。复垦场地土壤生态系统健康状态、管理措施的有效性、系统演替方向和演替速度都能通过土壤中微生物种群数量及多样性变化情况进行分析。土壤微生物生命周期短、代谢速度快，不仅是土壤中最活跃的组分之一，也是土壤养分的重要的储存库。研究表明，因可培养微生物种类只占土壤微生物总数的 1% 以下，所以土壤微生物生物量与微生物数量相比更能反映微生物在复垦土壤中的含量和作用。土壤酶由土壤中活的微生物产生并分泌到细胞外的生物催化剂，参与土壤物质代谢和能量代谢等各种生物化学过程。土壤中酶活性的大小一方面表征了土壤中微生物含量多少及活性的大小，另一方面，能表征土壤中物质周转的速度，其数值能在一定程度上体现土壤质量。土壤生物呼吸是指土壤中微生物在新陈代谢中吸收氧气和释放二氧化碳的量，土壤呼吸能揭示土壤中微生物活性大小、有机质周转速率和土壤有效养分的情况，可以作为评价土壤肥力的重要指标之一。土壤微生物代谢熵反映土壤微生物可矿化碳和微生物生物量间比例，能反映土壤微生物量碳的周转速度以及环境因子、管理措施对微生物量碳库的影响。因此对土壤微生物数量、微生物生物量、土壤酶活性、土壤呼吸和代谢熵的研究对于了解环境因素和管理措施对矿区复垦土壤生物化学反应、物质代谢的影响,进而预测土壤生态系统演替方向,判断土壤质量有着重要的意义。

　　煤矿区采煤沉陷区形成后,通过景观再造和植被重建使沉陷区土壤恢复到可利用状态,但对于复垦土壤微生物数量、微生物生物量和土壤酶活性等生物学特性的变化规律还不清楚。本章以煤矸石充填复垦土壤为例,以空间代替时间,分析采煤沉陷区复垦土壤微生物学特性变化规律,探讨生物学指标和土壤理化性质之间的关系。

3.1　复垦土壤微生物指标随时间变化研究

3.1.1　复垦土壤可培养细菌数量随时间变化特性

　　细菌是土壤微生物中种类最多、分布最广的物种。土壤中固氮菌、氨化细菌、硝化细菌、反硝化细菌、产甲烷菌、硫细菌、纤维素分解菌等因与有机质分解、非共生固氮、氮硝化和反硝化、硫酸盐还原等土壤物质循环密切相关而被广泛应用于农业生产中。对复垦场地中细菌数量变化特征进行分析,能预测复垦土壤功能变化趋势,揭示复垦土壤质量状况。

　　图 3-1(a)揭示了对照场地和采煤沉陷区煤矸石充填复垦土壤 $0 \sim 20$ cm 土壤可培养细菌数量随复垦时间变化情况。研究结果表明煤炭开采引起的土地沉陷对复垦土壤中细菌数量影响较大,对照场地土壤中可培养细菌数量为 13.68×10^7 CFU·g^{-1},复垦场地在第 1 年时 $0 \sim 20$ cm 土层土壤可培养细菌数量为 1.94×10^7 CFU·g^{-1},仅为对照场地同样深度土层可培养细菌数量的14.2%,二者之间差异显著($P < 0.01$)。从图中还可以看出,复垦12 年后采煤沉陷区煤矸石充填复垦土壤中可培养细菌含量为 11.60×10^7 CFU·g^{-1},其可培养细菌数量为对照场地土壤的

84.8%。从图中还可以看出,复垦 1～12 年土壤细菌数量分别为 1.94×10⁷ CFU・g⁻¹、2.21×10⁷ CFU・g⁻¹、6.36×10⁷ CFU・g⁻¹、8.21×10⁷ CFU・g⁻¹、8.86×10⁷ CFU・g⁻¹ 和 11.6×10⁷ CFU・g⁻¹,采煤沉陷区煤矸石充填复垦土壤可培养细菌数量随恢复时间增加而变多。

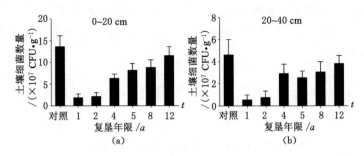

图 3-1　煤矸石充填复垦土壤细菌数量特征

采煤沉陷区煤矸石充填复垦场地 20～40 cm 土层土壤细菌数量培养结果表明[图 3-1(b)],第 1 年复垦场地土壤中可培养细菌数量为 0.57×10⁷ CFU・g⁻¹,仅为对照场地土壤可培养细菌数量的 12.23%,差异极显著(P<0.01),表明开采扰动严重影响了研究场地土壤细菌含量。复垦 1～12 年煤矸石复垦场地 20～40 cm 土层土壤中可培养细菌数量数值分别为 0.57×10⁷ CFU・g⁻¹、0.79×10⁷ CFU・g⁻¹、2.94×10⁷ CFU・g⁻¹、3.07×10⁷ CFU・g⁻¹、和 3.85×10⁷ CFU・g⁻¹,2～12 年采煤沉陷区煤矸石充填复垦土壤细菌数量比第 1 年复垦场地分别高出 39%、416%、349%、448% 和 575%,差异显著(P<0.05)。复垦第 12 年场地可培养细菌数量在所有复垦场地中最多,为对照场地土壤中可培养细菌数量的 82.62%。

对采煤沉陷区煤矸石充填复垦场地土壤耕作层中可培养细菌数量变化情况进行分析,拟合方程如式(3-1):

$$N_t = 0.069t^2 + 1.78 \qquad\qquad (3-1)$$

式中　N_t——复垦土壤中细菌数量；

　　　t——复垦时间。

对拟合方程进行分析，方程拟合优度 R^2 为 0.95，表明拟合效果较好，能够反映煤矸石充填复垦土壤中可培养细菌数量变化情况。实验结果表明采煤沉陷区可培养细菌数量在复垦后呈增加趋势，表明当前的复垦工艺和后续管理措施能有效增加采煤沉陷区复垦场地土壤中可培养细菌数量，复垦场地土壤中细菌数量变化趋势在一定程度上反映了复垦土壤性质变化情况。

3.1.2　复垦土壤可培养真菌数量随时间变化特性

土壤真菌，如丛枝真菌、白腐真菌等能分解土壤中纤维素、半纤维素，促进土壤有机质矿化，是土壤中碳、氮循环主要驱动力之一。真菌与植物在共同进化的过程中，其菌丝与植物根系形成联合体（菌根）。真菌菌根，尤其是内生菌根（如丛枝真菌）能够提高植物在不利环境下生存能力，促进植物生长，因此被广泛应用于矿区土壤改良中。

图 3-2(a)揭示了采煤沉陷区煤矸石复垦场地 0～20 cm 土层土壤真菌数量培养结果显示，对照场地和复垦场地土壤中可培养真菌数量差异显著，1～12 年的采煤沉陷区煤矸石充填复垦土壤中可培养细菌数量仅为对照场地土壤可培养真菌数量的 10.4%、18.4%、25.3%、49.5%、65.1% 和 78.9%。从图中还可以看出，复垦措施能有效的提高采煤沉陷区复垦场地可培养真菌数量，复垦场地 0～20 cm 土层土壤中可培养真菌数量第一年最低，为 8.63×10^2 CFU·g^{-1}。复垦 2～12 年场地土壤真菌数量为 17.02×10^2 CFU·g^{-1}、23.44×10^2 CFU·g^{-1}、45.72×10^2 CFU·g^{-1}、60.14×10^2 CFU·g^{-1} 和 72.91×10^2 CFU·g^{-1}，分别高出第 1 年复垦场地 76.7%、143.4%、374.8%、524.5% 和 657.1%。

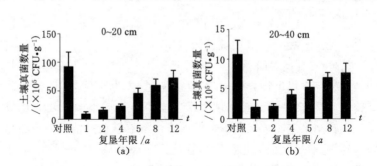

图 3-2　煤矸石充填复垦土壤真菌数量特征

图 3-2(b)结果揭示对照场地和复垦场地 20～40 cm 土层土壤可培养真菌数量。从图中可以看出,煤矸石复垦场地 20～40 cm 土层土壤中可培养真菌数量最低值出现在复垦第 1 年,仅相当于对照场地土壤真菌数量的 18.1%;复垦场地土壤中可培养真菌数量最高值出现在第 12 年,相当于对照场地土壤的 71.63%,表明采煤沉陷区土壤在经历了沉陷、剥离、储存等环节后其土壤可培养真菌数量显著减少。2～12 年煤矸石复垦场地中土壤可培养真菌数量与复垦第 1 年场地相比有了显著增加,分别高出复垦第 1 年土壤真菌数量 9.2%、108.1%、171.4%、256.1% 和 295.4%,表明煤矸石充填复垦土壤可培养真菌数量呈增多趋势。复垦 12 年后,20～40 cm 土层土壤中真菌年增长率达到 24.62%。

对采煤沉陷区煤矸石充填复垦场地土壤耕作层中可培养真菌数量变化情况进行分析,拟合方程为式(3-2):

$$N_t = -2.43 + 0.43t - 0.0099t^2 + 9.30t^3 \qquad (3\text{-}2)$$

式中　N_t——复垦土壤中真菌数量;

　　　t——复垦时间。

对复垦土壤真菌数量变化拟合方程进行分析,方程拟合优度 R^2 为 0.99,表明拟合效果好,能够反映煤矸石充填复垦土壤中可培养真菌数量变化情况。从实验结果发现煤矸石充填复垦土壤可培养真菌数量呈增加趋势,表明复垦工艺、管理措施和耕作制度能有效增加复垦土壤中可培养真菌数量。

3.1.3 复垦土壤可培养放线菌数量随时间变化特性

土壤放线菌能通过分泌淀粉酶、纤维素酶等多种胞外酶分解纤维素、半纤维素、蛋白质、木质素等,改变土壤碳、氮元素周转速率,促进土壤团聚体的生成,因而被广泛应用于农业生产中。放线菌也是土壤中抗生素主要产生菌,放线菌产生的抗生素对土壤微生物、植物抵御病虫害,维持土壤微生物生态平衡起着至关重要的作用。

对照场地和采煤沉陷区煤矸石充填复垦土壤中可培养放线菌数量测定结果如图 3-3(a)所示,从图中可以看出复垦场地 $0 \sim 20$ cm 土层土壤在第 1 年可培养放线菌数量最低,为对照场地土壤放线菌的 23.7%。复垦第 $2 \sim 12$ 年场地土壤中可培养放线菌数量分别相当于对照土壤放线菌数量的 23.7%、34.5%、50.8%、56.3%、71.6% 和 92.1%。复垦 $2 \sim 12$ 年煤矸石复垦场地 $0 \sim 20$ cm 土层土壤中可培养放线菌数量依次为 5.29×10^5 FU·g^{-1}、7.79×10^5 FU·g^{-1}、8.63×10^5 FU·g^{-1}、10.97×10^5 FU·g^{-1} 和 14.12×10^5 FU·g^{-1},分别为第 1 年复垦场地土壤中可培养放线菌数量 1.45 倍、2.14 倍、2.37 倍、3.01 倍和 3.88 倍,差异显著(P<0.01)。

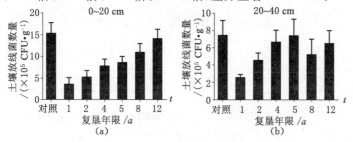

图 3-3 煤矸石充填复垦土壤放线菌数量特征

采煤沉陷区煤矸石复垦场地 20～40 cm 土层土壤中可培养放线菌数量分析结果如图 3-3(b)所示。1～12 年复垦场地土壤中放线菌数量在 $2.58×10^5$～$7.41×10^5$ FU·g^{-1} 之间波动,分别为对照土壤放线菌数量 34.6%、61.2%、89.7%、99.5%、70.3%和 87.5%。方差分析表明,复垦场地 20～40 cm 土层除第 4 年场地土壤中可培养放线菌数量与对照场地相比无明显差异(P>0.05)外,其余各场地中放线菌数量均低于对照土壤。2～12 年复垦场地土壤放线菌数量分别为复垦第一年放线菌数量的 1.77 倍、2.59 倍、2.87 倍、2.03 倍和 2.52 倍,表明复垦管理措施有利于采煤沉陷区复垦场地土壤放线菌数量增加。

对采煤沉陷区煤矸石充填复垦场地土壤耕作层中可培养放线菌数量变化情况进行回归分析,拟合方程为(3-2):

$$N_t = -1.75 + 2.08t - 0.17\ t^2 + 0.0071t^3 \qquad (3-3)$$

式中　N_t——复垦土壤中放线菌数量;

　　　t——复垦时间。

对复垦土壤放线菌数量变化拟合方程进行分析,方程拟合优度 R^2 为 0.98,表明拟合效果好,能够反映煤矸石充填复垦土壤中可培养放线菌数量变化情况。拟合结果表明煤矸石充填复垦土壤可培养放线菌数量呈增加趋势,表明复垦场地土壤中土壤的抗逆能力和物质代谢能力随复垦时间增加而有所提高。

3.1.4　复垦土壤微生物量碳含量随时间变化特性

土壤微生物量碳是土壤中碳养分库的重要组成部分,在有机质循环中起着关键的作用。土壤中微生物量碳不仅是表征土壤微生物种群数量大小的指标,而且为从整体角度上了解土壤微生物功能提供了有效的途径。微生物量碳指标已广泛应用在自然生态系统功能评估、退化生态系统恢复功能评价等领域中。

采煤沉陷区煤矸石复垦场地 0～20 cm 土层土壤微生物量碳

含量测定结果如图 3-4(a)所示。从图中可以看出,复垦场地土壤微生物量碳含量低于对照场地土壤,其中第 1 年复垦场地的土壤微生物量碳最低,仅为对照的 16.8%;复垦第 12 年场地土壤中微生物量碳含量为对照土壤的 77.6%。复垦场地 0~20 cm 土壤中微生物量碳含量随复垦时间变长而增加,第 2~12 年土壤微生物量碳含量依次为 106.81 mg·kg^{-1}、174.71 mg·kg^{-1}、218.62 mg·kg^{-1}、225.73 mg·kg^{-1} 和 281.08 mg·kg^{-1},分别为复垦第 1 年场地土壤微生物量碳含量的 1.75 倍、2.86 倍、3.58 倍、3.70 倍和 4.61 倍。

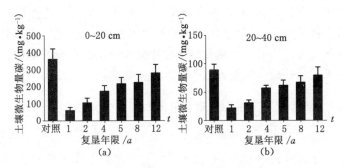

图 3-4 煤矸石充填复垦土壤微生物量碳含量特征

图 3-4(b)揭示了采煤沉陷区煤矸石复垦场地 20~40 cm 土层土壤微生物量碳在复垦后的变化趋势。从图中可以看出,复垦后 1~12 年场地中土壤微生物量碳含量变化范围为 22.14~79.64 mg·kg^{-1},煤矸石充填复垦土壤微生物量碳含量在复垦后低于对照场地土壤,复垦场地微生物量碳含量最低值出现在第 1 年,为对照场地土壤微生物量碳含量的 24.76%;复垦场地土壤微生物量碳含量最高值出现在复垦完成后第 12 年,为对照场地土壤的 89.1%。1~12 年煤矸石复垦场地中土壤微生物量碳含量逐渐增加,2~12 年复垦场地土壤微生物量碳含量分别比复垦第 1 年

增加了 40.3％、158.3％、179.4％、203.6％和 259.7％。

运用回归分析法对采煤沉陷区煤矸石充填复垦场地土壤耕作层中微生物量碳含量变化趋势进行分析,得到拟合方程为(3-4):

$$B_C = 68.45 \times \ln(t) + 116.87 \qquad (3\text{-}4)$$

式中　B_C——复垦土壤中微生物量碳含量;

　　　t——复垦时间。

对复垦土壤中微生物量碳含量变化趋势拟合方程进行分析,方程拟合优度 R^2 为 0.98,表明拟合效果好,能够反映煤矸石充填复垦土壤微生物量碳含量变化情况。土壤微生物量碳主要来源于土壤中的有机碳分解,土壤有机碳经土壤微生物的矿化作用转化为微生物量碳,不仅是土壤中易于利用的养分库,也是土壤碳素循环的驱动力。煤矸石充填复垦土壤中微生物量碳含量的增加表明复垦工艺和管理措施能有效提高复垦土壤物质代谢能力。

3.1.5　复垦土壤微生物量氮含量随时间变化特性

土壤微生物量氮是指土壤中活的微生物中所含有氮的总量,一般占土壤有机氮总量的 1％～5％。土壤微生物量氮是土壤中最活跃的有机氮组分,因其对土壤氮素循环和植物氮营养起着重要的作用而被广泛应用于土壤性质研究。

从图 3-5(a)可以看出,采煤沉陷区煤矸石复垦场地 0～20 cm 土层土壤微生物量氮含量低于对照场地土壤。煤矸石复垦场地第 1 年土壤中微生物量氮含量为 10.25 mg·kg^{-1},相当于对照场地土壤微生物量氮的 13.05％。第 12 年复垦场地土壤中微生物量氮含量为 51.63 mg·kg^{-1},相当于对照土壤中微生物量氮含量的 65.33％。随着复垦时间的变化,复垦场地土壤中微生物量氮含量显著增加,第 2～12 年复垦场地土壤微生物量氮在 25.33～51.63 mg·kg^{-1} 间波动,分别相当于复垦第 1 年场地土壤微生物量氮含量的 2.44 倍、2.13 倍、3.63 倍、4.07 倍和 4.99 倍。

采煤塌陷区煤矸石充填复垦土壤微生物量氮含量显著低于对照场地土壤,1～12 年复垦场地土壤微生物量氮含量变化范围在 5.27～7.6 mg·kg^{-1}之间波动如图 3-5(b)。复垦后第四年土壤微生物量氮含量最低,为对照土壤微生物量氮含量的 63.42%,复垦第 12 年土壤微生物量氮含量最接近对照土壤,为对照土壤微生物量氮含量的 92.5%。从图中可以还看出,煤矸石复垦场地前 4 年土壤微生物量氮含量无显著差异,第 5～12 年复垦场地中土壤微生物量氮含量为复垦第 1 年的 1.31 倍、1.35 倍和 1.44 倍。

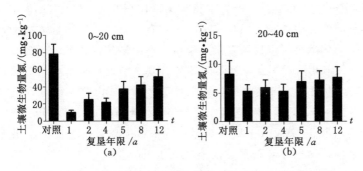

图 3-5 煤矸石充填复垦土壤微生物量氮含量特征

对采煤沉陷区煤矸石充填复垦场地土壤耕作层中微生物量氮含量变化趋势进行回归分析,得到拟合方程为(3-5):

$$B_N = 14.12 \times \ln(t) + 11.18 \qquad (3-5)$$

式中 B_N——复垦土壤中微生物量氮含量;

   t——复垦时间。

复垦土壤中微生物量氮含量变化趋势拟合方程拟合优度 R^2 为 0.83,表明拟合效果较好,能够反映煤矸石充填复垦土壤微生物氮含量变化情况。土壤微生物量氮的主要成分包括蛋白质、多肽、氨基酸和氨基糖等易于分解的有机氮,这些组分易于被植物吸收利用,能促进植物生长。土壤微生物量氮能直接调节土壤氮素供给,是重要土壤活性氮库(Pool)。煤矸石充填复垦土壤微生物量氮含量增加表明在土壤氮素供给过程中有机氮转化为微生物量氮的比例增加,氮素的利用效率提高,氮素流失减少。

3.1.6 复垦土壤微生物量碳氮比随时间变化特性

一般认为土壤微生物量碳氮比是体现土壤微生物区系特征的指标之一。土壤中可培养细菌的微生物量碳氮比一般在 5∶1 左右,土壤可培养放线菌的微生物量碳氮比在 6∶1 左右,土壤可培养真菌的微生物量碳氮比在 10∶1 左右。土壤微生物量碳氮比的时空变化趋势可以反映复垦土壤微生物区系演替情况。

图 3-6 揭示了采煤沉陷区煤矸石复垦场地 0~20 cm 和 20~40 cm 土层土壤微生物量碳氮比的变化趋势。由图中可以看出除第 4 年外,煤矸石复垦场地第 1 年、第 2 年、第 5 年、第 8 年、第 12 年场地中 0~20 cm 土壤与对照土壤中微生物量碳氮比的结果无显著性差异。煤矸石复垦场地 20~40 cm 土层第 1 年、第 2 年土壤微生物量碳氮比较低,第 4 年、第 5 年、第 8 年和第 12 年与对照土壤相比无明显差异。

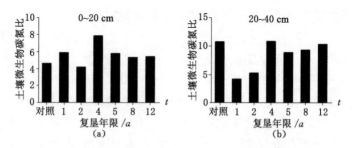

图 3-6 煤矸石充填复垦土壤微生物量碳氮比变化特征

3.1.7 复垦土壤微生物熵随时间变化特性

土壤微生物熵(C_{mic}/C_{org})是指土壤微生物量碳占土壤总有机碳含量的比例。土壤微生物熵比单一的微生物量和有机碳指标更能准确的反映土壤生态系统与环境要素关系,是评价土壤有机碳周转趋势的有效指标。土壤微生物熵指标因其能反映微生物与土壤有机碳、环境要素、管理措施的关系而被广泛应用于土壤质量动态监测领域。

图 3-7(a)揭示了对照场地和采煤沉陷区煤矸石复垦场地 0～20 cm 土层土壤微生物熵变化情况。从图中可以看出,对照场地土壤微生熵为 2.39%,1～12 年煤矸石充填复垦土壤微生物熵变化范围在 1.44%～2.18%之间波动。煤矸石充填复垦土壤微生物熵最低值出现在复垦第 2 年,为对照场地土壤的 59.00%,最高值出现在第 12 年,为对照场地土壤的 91.21%。从图中还可以看出,随复垦时间增加,煤矸石充填复垦土壤微生物熵呈增加趋势,4～12年复垦场地土壤微生物熵分别高出第 1 年 6.25%、14.58%、27.08%和 51.39%。

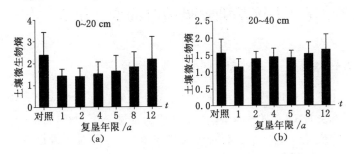

图 3-7　煤矸石充填复垦土壤微生物熵变化特征

从图 3-7(b)可以看出,对照场地 20～40 cm 土层土壤微生物熵为 1.56%,煤矸石复垦场地 20～40 cm 土层土壤微生物熵变化范围在 1.15％～1.65％之间。统计学分析表明,除第 1 年微生物熵低于对照土壤外,其余复垦场地与对照场地土壤微生物熵无明显差异(P＞0.05)。

对采煤沉陷区煤矸石充填复垦场地土壤耕作层中微生物熵变化趋势进行回归分析,得到拟合方程为(3-6):

$$SMQ = 0.071t + 1.30 \tag{3-6}$$

式中 SMQ——复垦土壤中微生物熵;

t——复垦时间。

复垦土壤微生物熵变化趋势拟合方程拟合优度 R^2 为 0.97,表明拟合效果好,能够反映煤矸石充填复垦土壤微生物熵变化情况。土壤微生物熵是揭示复垦土壤中有机碳固存、释放的一个重要指标,其数值越高表示土壤有机碳的在生物中固存比例增加。此外微生物熵也能从微生物学方面表征土壤肥力情况,煤矸石充填复垦场地土壤微生物熵随复垦时间增加,表明土壤微生物对碳的利用效率增加,微生物碳库增加的速度大于土壤有机碳库的增加速度。

3.2 复垦土壤基础呼吸随时间变化研究

3.2.1 复垦土壤基础呼吸随时间变化特性

土壤基础呼吸一般指土壤中活的微生物在新陈代谢过程中吸收氧和释放 CO_2 的速度,通常也被称为土壤微生物呼吸。土壤基础呼吸大小与活的微生物种类和数量有关,是衡量土壤微生物活性的重要指标之一。土壤基础呼吸速率是指示土壤生物地球化学反应、土壤微生物生态效应、土壤有机质矿化速率的重要指标。

图 3-8(a)揭示了对照场地和采煤沉陷区煤矸石复垦场地 0～20 cm 土层土壤基础呼吸测定结果。从图中可以看出,1～12

年的煤矸石充填复垦土壤基础呼吸值在 $0.28 \sim 0.717$ $\mu gCO_2 \cdot g^{-1} \cdot h^{-1}$ 之间波动,低于对照场地土壤呼吸值 $0.96\ \mu gCO_2 \cdot g^{-1} \cdot h^{-1}$。对不同恢复时间复垦场地土壤呼吸值比较可知,$2 \sim 12$ 年煤矸石充填复垦土壤呼吸值分别为复垦第 1 年的 1.75 倍、2.54 倍、3.02 倍、2.53 倍和 2.74 倍。

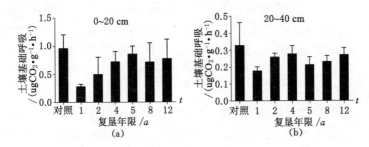

图 3-8　煤矸石充填复垦土壤基础呼吸变化特征

$1 \sim 12$ 年的煤矸石复垦场地 $20 \sim 40\ cm$ 土层土壤呼吸值分别是 $0.18\ \mu g\ CO_2 \cdot g^{-1} \cdot h^{-1}$、$0.26\ \mu g\ CO_2 \cdot g^{-1} \cdot h^{-1}$、$0.28$ $\mu g\ CO_2 \cdot g^{-1} \cdot h^{-1}$、$0.21\ \mu g\ CO_2 \cdot g^{-1} \cdot h^{-1}$ 和 0.23 $\mu g\ CO_2 \cdot g^{-1} \cdot h^{-1}$[图 3-8(b)],分别相当于对照场地土壤生物呼吸的 54.1%、79.5%、84.6%、65.5%、70.9% 和 82.8%,复垦场地土壤基础呼吸值均低于对照场地土壤。从图中可以看出,复垦场地土壤微生物呼吸最高值出现在复垦后第 4 年,最低值出现在复垦后第一年。$2 \sim 12$ 年的复垦场地土壤呼吸值与第 1 年相比分别高出 46.69%、56.25%、20.86%、30.87% 和 52.97%。

运用回归分析法对采煤沉陷区煤矸石复垦场地土壤耕作层中土壤基础呼吸速率变化趋势进行分析,得到拟合方程为:

$$SQ = \exp(0.085 - 1.17/t) \tag{3-7}$$

式中　SQ——复垦土壤基础呼吸速率;

t——复垦时间。

煤矸石复垦土壤基础呼吸速率拟合方程拟合优度 R^2 为 0.95,表明拟合效果好,能够反映煤矸石充填复垦土壤基础呼吸变化情况。煤矸石充填土壤呼吸作用是评价复垦土壤微生物活性、土壤质量和肥力的重要指标。不同恢复时间的作物生长、土壤微生物区系及数量变化影响土壤基础呼吸速率。复垦土壤基础呼吸速率的增加能表征土壤有机物矿化速率增加和土壤养分转化程度提高。此外,复垦土壤基础呼吸速率持续变化也反映了复垦土壤微生物处于不稳定状态,土壤微生态系统没有达到平衡。

3.2.2 复垦土壤微生物代谢熵随时间变化特性

微生物代谢熵是指土壤基础呼吸与土壤微生物量碳含量的比率。土壤微生物代谢熵表征了土壤微生物对土壤基质的利用效率能力,因能反映环境因素、管理措施等对土壤微生物活性影响而被用于农业土壤健康评价、退化生态系统评估中。

对照场地和不同恢复时间煤矸石复垦场地 0~20 cm 土层土壤微生物代谢熵结果如图 3-9(a)所示。从图中可以看出,采煤沉陷区煤矸石充填复垦土壤微生物代谢熵高于对照场地土壤,1~12 年 复 垦 场 地 土 壤 微 生 物 代 谢 熵 数 值 分 别 为 4.65 $mgCO_2-Cmg^{-1} \cdot h^{-1}$、4.18 $mgCO_2-Cmg^{-1} \cdot h^{-1}$、4.36 $mgCO_2-Cmg^{-1} \cdot h^{-1}$、3.94 $mgCO_2-Cmg^{-1} \cdot h^{-1}$、3.19 $mgCO_2-Cmg^{-1} \cdot h^{-1}$ 和 2.76 $mgCO_2-Cmg^{-1} \cdot h^{-1}$,分别比超出对照土壤微生物代谢熵值75.47%、57.74%、64.53%、48.68%、20.38%和4.15%。1~12 年复垦场地微生物代谢熵对比结果可知,随复垦时间的增加,煤矸石复垦场地微生物代谢熵呈降低趋势。2~12 年复垦场地土壤微生物代谢熵分别相当于复垦 1 年场地土壤微生物代谢熵的 89.9%、93.8%、84.7%、68.6% 和59.4%。

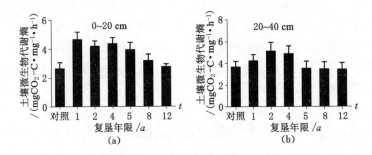

图 3-9　煤矸石充填复垦土壤微生物代谢熵变化特征

图 3-9(b)显示对照场地土壤和采煤沉陷区煤矸石复垦场地 20～40 cm 土层土壤微生物代谢熵变化情况。从图中可以看出，1～12年的复垦场地土壤微生物代谢熵数值变化范围在 3.44～5.11 mgCO$_2$－Cmg^{-1}·h^{-1} 之间波动，除 1～4 年煤矸石充填复垦土壤微生物代谢熵高于对照场地土壤外（3.67 mgCO$_2$－Cmg^{-1}·h^{-1}，P＜0.05），其余复垦场地土壤微生物代谢熵值与对照场地相比无显著差异。对不同复垦时间煤矸石复垦场地微生物代谢熵比较可知，复垦场地土壤微生物代谢熵最高值出现在第 2 年，最低值出现在复垦后第 12 年。复垦前期（1～4 年）场地土壤微生物代谢熵高于复垦后期（8～12 年）。

运用回归分析法对采煤沉陷区煤矸石复垦场地土壤耕作层中土壤微生物代谢熵变化趋势进行分析，得到拟合方程为(3-8)：

$$Q_{CO_2} = 0.0001t^2 - 0.17t + 4.77 \qquad (3-8)$$

式中　　Q_{CO_2}——复垦土壤微生物代谢熵；

　　　　t——复垦时间。

煤矸石充填复垦土壤微生物代谢熵拟合方程拟合优度 R^2 为 0.93，表明拟合效果好，能够反映煤矸石充填复垦土壤微生物代谢熵变化情况。一般认为在不利环境条件下，土壤微生物必须额外支出一部分新陈代谢能量去抵御环境要素的胁迫作用，从而导致土壤微生物代谢熵值增加,因此土壤代谢熵可作为重要指标去衡量不利环境要素对复垦土壤微生物的胁迫作用。煤矸石充填复垦土壤微生物代谢熵随复垦时间的增加呈降低趋势,表明额外支出抵御环境要素的胁迫作用的新陈代谢能量比例不断减少,复垦土壤生态系统趋于稳定。

3.3 复垦土壤土壤酶活性随时间变化研究

3.3.1 复垦土壤 *β*-葡萄糖苷酶活性随时间变化特性研究

  β-葡萄糖苷酶是由活的微生物产生并分泌到细胞外的水解酶,主要功能是水解纤维二糖和其他水溶性的纤维糊精,水解产物以小分子单糖形式供土壤微生物和植物生长所需。土壤 *β*-葡萄糖苷酶对土壤质量变化和管理措施改变具有高敏感性,可作为研究土壤有机质循环和土壤胁迫反应的早期预警指标之一。

  图 3-10(a)揭示了对照场地土壤和采煤沉陷区煤矸石复垦场地 0~20 cm 土层土壤 *β*-葡萄糖苷酶活性测定结果。从图中可以看出,不同恢复时间煤矸石复垦场地和对照场地土壤 *β*-葡萄糖苷酶活性差异较大,对照场地土壤 *β*-葡萄糖苷酶活性高于煤矸石充

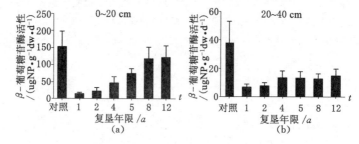

图 3-10　煤矸石充填复垦土壤 *β*-葡萄糖苷酶活性变化特征

填复垦土壤酶活性,差异显著(P<0.05)。1~12 年的煤矸石充填复垦土壤葡萄糖苷酶活性变化在 15.1~122.1 μgPNP·g^{-1}dw·d^{-1}之间波动。煤矸石充填复垦土壤 β-葡萄糖苷酶活性最低值出现在复垦第 1 年,其土壤 β-土壤葡萄糖苷酶活性仅相当于对照场地土壤酶活性的 9.86%。煤矸石充填复垦土壤 β-葡萄糖苷酶活性最高值出现在第 12 年,其酶活性相当于对照场地土壤的 79.73%。从图 3-10 中可以看出,第 1 年复垦场地土壤 β-葡萄糖苷酶活性最小,2~12 年复垦场地土壤酶活性分别相当于第 1 年场地的 1.53 倍、3.11 倍、4.95 倍 7.82 倍和 8 倍。

图 3-10(b)揭示了对照场地和煤矸石复垦场地 20~40 cm 土层土壤 β-葡萄糖苷酶活性测定情况。从图中可以看出,煤矸石充填复垦土壤 β-葡萄糖苷酶活性显著低于对照土壤,1~12 年煤矸石充填复垦土壤 β-葡萄糖苷酶活性在 7.06~15.14 μgPNP·g^{-1}dw·d^{-1}之间波动,分别相当于对照场地土壤的 18.61%、21.17%、35.79%、34.08%和 39.91%。从图中同样可以看出,2~12 年采煤沉陷区煤矸石场地土壤 β-葡萄糖苷酶活性分别高出第 1 年复垦场地土壤酶活性 13.75%、92.35%、90.65%、83.14%和 114.45%。

运用回归分析法对采煤沉陷区煤矸石复垦场地土壤耕作层中土壤 β-葡萄糖苷酶活性变化趋势进行分析,得到拟合方程为(3-9):

$$BG = \exp(4.76 - 2.31/t) \tag{3-9}$$

式中　BG——复垦土壤 β-葡萄糖苷酶活性;

　　　t——复垦时间。

煤矸石充填复垦土壤 β-葡萄糖苷酶活性拟合方程拟合优度 R^2 为 0.97,表明拟合效果好,能够反映煤矸石充填复垦土壤 β-葡萄糖苷酶活性变化情况。通常土壤 β-葡萄糖苷酶活性随着土壤微生物数量的改变而变化。土壤 β-葡萄糖苷酶活性增加表明其分解植物中寡糖以供后续生物使用的能力提高。煤矸石充填复垦土壤 β-葡萄糖苷酶活性随复垦时间呈增加趋势,表明复垦土壤能提供更多的可利用单糖分子,有利于土壤微生物和植物生长。

3.3.2 复垦土壤酸性磷酸酶活性随时间变化特性研究

土壤酸性磷酸酶的主要功能是催化土壤机磷的脱磷,为土壤微生物和植物生长提供有效的磷元素。土壤酸性磷酸酶的活性能在一定程度上表征生物有效性磷元素的供给情况。

图 3-11(a)结果显示,采煤沉陷区煤矸石复垦场地 0~20 cm 土层土壤酸性磷酸酶活性低于对照场地土壤,差异显著(P<0.01)。从图中可以看出 1~12 年煤矸石复垦场地 0~20 cm 土层土壤酸性磷酸酶活性在 43.9~221.2 μgPNP·g^{-1}dw·d^{-1} 之间,相当于对照场地土壤酸性磷酸酶活性(为 435.1 μgPNP·g^{-1}dw·d^{-1})的 10.09%~50.84%。煤矸石复垦场地在第 1 年土壤酸性磷酸酶活力低于其他复垦场地酶活性,2~12 年复垦场地土壤酶活分别相当于第 1 年复垦场地土壤酸性磷酸酶活性的 1.69 倍、4.19 倍、4.14 倍、4.60 倍和 5.04 倍。

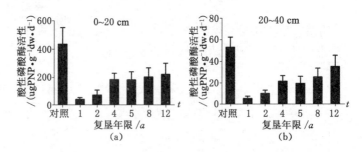

图 3-11 煤矸石充填复垦土壤酸性磷酸酶活性变化特征

从图 3-11(b)中可以看出,采煤沉陷区煤矸石复垦场地 20~40 cm 土层土壤酸性磷酸酶活性在复垦后显著低于对照场地,1~

12 年煤矸石充填复垦土壤酸性磷酸酶活性在 5.77～35.42 μgPNP·g^{-1}dw·d^{-1} 之间波动,分别相当于对照场地土壤酶活性的 10.81%、19.57%、40.67%、37.02%、48.19% 和 66.39%。从图中同样可以看出,随复垦时间变化,煤矸石复垦场地酸性磷酸酶活性有所增加,2～12 年复垦场地土壤酸性磷酸酶活性分别比复垦第 1 年高出 81.03%、276.21%、242.47%、345.81% 和 514.12%。

运用回归分析法对采煤沉陷区煤矸石复垦场地土壤耕作层中土壤酸性磷酸酶活性变化趋势进行分析,得到拟合方程为(3-10):

$$AP = \exp(5.54 - 1.86/t) \tag{3-10}$$

式中　AP——复垦土壤酸性磷酸酶活性;

　　　t——复垦时间。

煤矸石充填复垦土壤酸性磷酸酶活性拟合方程拟合优度 R^2 为 0.95,表明方程拟合效果好,能够反映煤矸石充填复垦土壤酸性磷酸酶活性变化趋势。煤矸石充填复垦土壤 1～12 年内土壤酸性磷酸酶活性随着复垦时间增加而提高,表明煤矸石充填复垦土壤提供有效磷元素的能力提高。

3.3.3　复垦土壤脲酶活性随时间变化特性研究

脲酶是土壤中最常见的酶之一,主要功能是催化尿素水解成铵态氮,脲酶活性与土壤氮素循环有关。土壤中的铵态氮是植物最主要的氮源之一,脲酶的活性大小对土壤中氮肥利用率有重要意义。土壤脲酶活性受土壤有机质组分及含量、微生物种类及数量等影响较大。

如图 3-12(a)所示,1～12 年采煤沉陷区煤矸石充填场地 0～20 cm 土层土壤脲酶活性变化范围在 0.96～2.38 $mgNH_3-N·g^{-1}·dw·d^{-1}$ 之间,低于对照场地土壤脲酶活性（2.57 $mgNH_3-N·g^{-1}·dw·d^{-1}$）。分析结果表明,1 年、2 年、

4 年、5 年煤矸石充填复垦土壤脲酶活性与对照场地土壤脲酶活性存在显著性差异（P＜0.05）。8 年、12 年复垦场地土壤脲酶活性与对照场地土壤间无显著性差异（P＞0.05）。从图中同样可以看出，煤矸石复垦场地 0～20 cm 土层土壤脲酶活性随复垦时间增加，2～12 年复垦场地土壤酶活性分别是复垦第 1 年场地土壤脲酶活性的 1.25 倍、1.69 倍、2.16 倍、2.43 倍和2.46 倍。

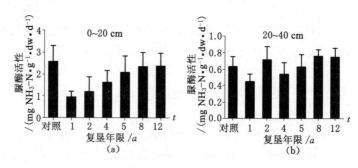

图 3-12　煤矸石充填复垦土壤脲酶活性变化特征

从图 3-12(b)可知，1～12 年煤矸石复垦场地 20～40 cm 土层土壤脲酶活性变化范围在 0.45～0.76 NH$_3$－N·g^{-1}·dw·d^{-1}之间。统计学分析结果表明，除第 1、4 年煤矸石充填复垦土壤脲酶活性较低外（P＜0.05），分别低于对照场地土壤脲酶活性28.42％和14.33％，其余复垦场地土壤脲酶活性与对照场地土壤脲酶活性间无显著差异。与复垦第 1 年相比，2～12 年煤矸石复垦场地 20～40 cm 土层土壤脲酶活性显著增加（P＞0.05），分别高出 58.01％、19.69％、39.12％、67.93％和65.48％。

对采煤沉陷区煤矸石复垦场地土壤耕作层中土壤脲酶活性变化趋势进行回归分析，得到拟合方程为(3-11)：

$$URE = 0.89 + 0.63 \times \log(t) \tag{3-11}$$

式中　URE——复垦土壤脲酶活性；

t——复垦时间。

煤矸石充填复垦土壤脲酶活性拟合方程拟合优度 R^2 为 0.95,表明方程拟合效果好,能够反映煤矸石充填复垦土壤脲酶活性变化趋势。煤矸石充填复垦土壤 1～12 年内土壤脲酶活性随着复垦时间的增加而呈对数增长,可在一定程度上表征煤矸石充填复垦土壤中可利用氮源含量增加。

3.3.4 复垦土壤过氧化氢酶活性随时间变化特性研究

土壤过氧化氢酶是土壤中广泛存在的酶之一,其功能主要是催化土壤中的过氧化氢的分解,减轻过氧化氢对生物体的毒害作用。土壤过氧化氢酶活性能够表征土壤生物氧化过程的强度,而土壤生物氧化过程与有机质的合成及其有效化之间具有耦合效应。因此过氧化氢酶活性与一般土壤有机质的组分和含量有关,与土壤微生物种类和数量也关系密切。

由图 3-13(a)揭示了 1～12 年采煤沉陷区煤矸石充填场地和对照场地 0～20 cm 土壤过氧化氢酶活性变化特征。从图中可以看出,煤矸石充填场地除第 1 年(8.02 mL0.1M $KMnO_4 \cdot g^{-1} \cdot dw \cdot d^{-1}$)外,2～12 年 0～20 cm 土层土壤过氧化氢酶活性均高于对照场地土壤(8.83 mL 0.1M $KMnO_4 \cdot g^{-1} \cdot dw \cdot d^{-1}$),分别为

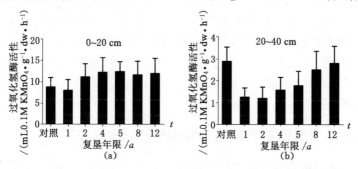

图 3-13 煤矸石充填复垦土壤过氧化氢酶活性变化特征

11.20 mL 0.1M KMnO$_4$ · g^{-1} · dw · d^{-1}、12.24 mL 0.1M KMnO$_4$ · g^{-1} · dw · d^{-1}、11.66 mL 0.1M KMnO$_4$ · g^{-1} · dw · d^{-1}、和 12.01 mL 0.1M KMnO$_4$ · g^{-1} · dw · d^{-1}。从图中同样可知,2~12 年煤矸石充填复垦土壤过氧化氢酶活性比第 1 年分别高出 39.55%、52.56%、54.80%、45.33% 和 49.65%。

图 3-13(b)结果揭示了对照场地和采煤沉陷区煤矸石复垦场地 20~40 cm 土层土壤过氧化氢酶活性测定结果。从图中可以看出,煤矸石充填复垦土壤过氧化氢酶活性低于对照土壤酶活性,分别相当于对照场地土壤过氧化氢酶活性 43.8%、41.8%、54.7%、61.9% 和 86.8%。从图中还可以看出,除复垦第 2 年场地外。复垦 4~12 年的场地土壤过氧化氢酶活性分别比复垦第一年高出 25.48%、42.12%、99.12% 和 122.13%。

运用回归分析法对采煤沉陷区煤矸石复垦场地土壤耕作层中土壤过氧化氢酶活性变化趋势进行分析,得到拟合方程为(3-12):

$$CAT = \exp(2.57 + 0.45/t) \tag{3-12}$$

式中　CAT——复垦土壤过氧化氢酶活性;

　　　 t——复垦时间。

煤矸石充填复垦土壤过氧化氢酶活性变化趋势拟合方程拟合优度 R^2 为 0.89,表明方程拟合效果较好,能够反映煤矸石充填复垦土壤过氧化氢酶活性变化趋势。一般认为,土壤中过氧化氢酶能催化环境中 60%~70% 的过氧化氢分解,另外 30%~40% 则由锰、铁等元素催化分解。复垦土壤过氧化氢酶活性与土壤肥力因子成正相关,可以由土壤过氧化氢酶活性大小来推测复垦土壤肥力特征。

3.3.5　复垦土壤蔗糖酶活性随时间变化特性研究

土壤蔗糖酶的主要功能是催化土壤中低聚糖水解,土壤蔗糖酶活性的大小在土壤碳循环中起着重要的作用。一般认为,土壤

蔗糖酶活性的变化趋势比其他土壤酶更能明显地反映土壤肥力状态以及管理措施对土壤性质的影响

采煤沉陷区煤矸石复垦场地和对照场地 0～20 cm 土层土壤蔗糖酶活性测定结果如图 3-14(a)所示。从图中可以看出,采煤沉陷区煤矸石复垦场地 0～20 cm 土层土壤中蔗糖酶活性在 0.40～1.36 mgglucose•g^{-1}dw•h^{-1}区间波动。1～12 年复垦场地蔗糖酶活性相当于对照土壤的 28.61%、46.27%、76.37%、105.58%、89.60% 和 96.29%,除第 8 年复垦场地外,其余复垦场地土壤蔗糖酶活性低于对照场地土壤酶活性。从图中还可以看出,2～12 年煤矸石充填复垦土壤蔗糖酶活性高于第 1 年复垦场地土壤,分别比第 1 年复垦场地土壤酶活性增加了 61.70%、166.89%、269.00%、213.13% 和 236.52%。

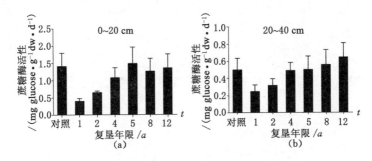

图 3-14　煤矸石充填复垦土壤蔗糖酶活性变化特征

对照场地和采煤沉陷区煤矸石复垦土壤 20～40 cm 土层蔗糖酶活性随复垦时间变化范围如图 3-14(b)所示。从图中可以看出,煤矸石充填复垦土壤蔗糖酶变化范围在 0.25～0.65 mgglucose•g^{-1}dw•h^{-1}之间。分析表明,1～2 年煤矸石复垦场地低于对照场地,分别相当于对照场地的 49.67% 和 63.75%。4～5 年煤矸石充填复垦土壤蔗糖酶活性与对照场地土壤的酶活性无明显差异。8～12 年煤矸石充填复垦土壤蔗糖酶活性高出对照场地土壤酶活性 11.92％和 29.33％。从图中还可以看出,煤矸石复垦场地 20～40 cm 土层土壤蔗糖酶活性变化趋势呈缓慢增加,2～12年煤矸石复垦场地蔗糖酶活性分别比复垦第 1 年场地土壤蔗糖酶活性高出 28.36％、97.99％、102.18％、125.34％ 和160.40％。

运用回归分析法对采煤沉陷区煤矸石复垦场地土壤耕作层中土壤蔗糖酶活性变化趋势进行分析,得到拟合方程为(3-13):

$$SUC = \exp(0.46 - 1.42/t) \tag{3-13}$$

式中 SUC——复垦蔗糖酶活性;

t——复垦时间。

煤矸石充填复垦土壤蔗糖酶活性拟合方程拟合优度 R^2 为0.93,表明方程拟合效果好,能够反映煤矸石充填复垦土壤蔗糖酶活性变化情况。从拟合方程可以看出,土壤蔗糖酶活性随着复垦时间的增加而增大,年均变化速率为 0.08 mg glucose · g^{-1} dw · h^{-1} · a^{-1}。

3.3.6 复垦土壤芳基硫酸酯酶活性随时间变化特性研究

土壤中芳基硫酸酯酶是参与土壤硫循环的主要酶之一,其功能是催化土壤中有机硫水解释放出可以被植物吸收利用的无机硫。土壤芳基硫酸酯酶主要由土壤微生物,尤其是土壤真菌产生并分泌到细胞外,部分植物根系也能产生并分泌芳基硫酸酯酶进入土壤。

图 3-15(a)揭示了对照场地和采煤沉陷区煤矸石复垦场地0～20 cm 土壤芳基硫酸酯酶活性。从图中可以看出,采煤沉陷区煤矸石充填复垦土壤芳基硫酸酯酶活性低于对照场地土壤酶活性。煤矸石复垦场地 0～20 cm 土层土壤芳基硫酸酯酶活性变化范围为 10.79～81.58 μgPNP · g^{-1} dw · d^{-1},与对照场地土壤芳基硫酸酯酶酶活性(102.05 μgPNP · g^{-1} dw · d^{-1})相比,分别降

低了 89.43％、71.24％、64.89％、57.70％、28.95％ 和 20.07％。
从图中同样可以看出，2～12 年煤矸石充填复垦土壤芳基硫酸酯
酶活性高出复垦第 1 年场地芳基硫酸酯酶活性 2.72 倍、3.32 倍、
4.00 倍、6.72 倍和 7.56 倍。

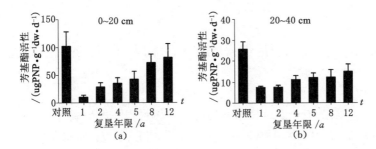

图 3-15　煤矸石充填复垦土壤芳基硫酸酯酶活性变化特征

图 3-15(b)揭示了对照场地土壤和采煤沉陷区煤矸石复垦场
地 20～40 cm 土层土壤芳基硫酸酯酶活性测试结果。如图所示，
采煤沉陷区煤矸石充填复垦土壤芳基硫酸酯酶活性在复垦后酶活
性低于对照场地，煤矸石充填复垦土壤芳基硫酸酯酶变化范围在
7.51～15.05 μgPNP·g^{-1}dw· d^{-1} 之间，分别相当于对照场地酶
活性的 29.17％、29.63％、43.57％、47.33％、47.96％ 和 58.49％。
图中同样可以看出，随着复垦时间变化，采煤沉陷区煤矸石复垦土
壤芳基硫酸酯酶活性逐渐增加。2～12 年煤矸石充填复垦土壤芳
基硫酸酯酶活性高出复垦第 1 年场地芳基硫酸酯酶活性 1.60％、
49.40％、62.32％、64.45％和 100.53％。

对采煤沉陷区煤矸石充填复垦场地土壤耕作层中土壤芳基硫
酸酯酶活性变化趋势进行回归分析，得到拟合方程为(3-14)：

$$ARY = 2.71 + 10.64t - 0.33t^2 \qquad (3\text{-}14)$$

式中　SUC——复垦土壤芳基硫酸酯酶活性；

　　　t——复垦时间。

煤矸石充填复垦土壤芳基硫酸酯酶活性拟合方程拟合优度 R^2 为 0.97，表明方程拟合效果好，能够反映煤矸石充填复垦土壤芳基硫酸酯酶活性变化情况。1～12 年煤矸石复垦场地耕作层土壤芳基硫酸酯酶活性随着复垦时间增加而增大，年均变化速率为 5.90 μgPNP·g^{-1}dw·d^{-1}·a^{-1}。

3.4 复垦土壤生物学特性和环境因素相关性分析

采煤沉陷区复垦场地初始阶段土壤可视为次生裸地状态，土壤质量状况较差，主要表现为营养成分缺乏、土壤保水保肥能力极低、土壤侵蚀度高、水土流失严重、微生物多样性减少等。随着复垦时间的增加，复垦场地土壤物理、化学和生物学性质随着土壤生态系统的演替而变化。在演替过程中土壤物理、化学参数和生物学特征等指标相互联系、相互制约、共同发展，促进或减缓煤矸石充填复垦土壤生态系统发育。研究采煤沉陷区复垦场地生态系统理化性质和生物学指标之间的关系，能够揭示影响煤矸石充填复垦土壤生物学指标变化的环境因子，有助于指导矿区复垦场地土壤生态系统的重建及管理。

3.4.1 复垦土壤生物学特性和土壤理化参数相关性分析

煤矸石充填复垦土壤理化性质和生物学指标相关性分析表明（表 3-1），采煤沉陷区煤矸石充填复垦土壤可培养细菌数量与土壤含水率呈显著正相关（P＜0.05），与土壤容重、pH 值和电导率呈显著负相关（P＜0.01）。可培养真菌、放线菌数量与土壤容重、pH 值和电导率呈负相关（P＜0.05），与土壤紧实度和含水率相关性较小，未达到显著水平。土壤微生物量碳、微生物量氮与土壤容重、pH 值和电导率呈显著负相关，与土壤含水率成正相关。土壤微生物量碳氮比与土壤容重、含水率、pH 值和电导率无明显相关性。土壤呼吸和土壤含水率呈显著正相关($P<0.01$),与土壤容重、pH 值和电导率呈负相关($P<0.01$)。土壤微生物代谢熵与电导率成正相关,和其余几个指标无显著相关性。β-葡萄糖苷酶活性、芳基硫酸酯酶活性与土壤容重、pH、电导率呈显著负相关($P<0.05$)。酸性磷酸酶活性、脲酶活性、蔗糖酶活性与土壤含水率呈显著正相关、与土壤容重、pH 值、电导率呈显著负相关。过氧化氢酶活性与土壤紧实度呈显著负相关,与土壤含水率成正相关,与土壤容重、pH 值、电导率无显著相关性。

表 3-1　　土壤理化性质和生物学指标之间相关性

	土壤容重	紧实度	含水率	pH	电导率
细菌	-0.97^{**}	-0.44	0.84^{*}	-0.97^{**}	-0.97^{**}
真菌	-0.89^{*}	-0.43	0.79	-0.92^{**}	-0.97^{**}
放线菌	-0.89^{*}	-0.49	0.77	-0.91^{*}	-0.93^{**}
微生物量碳	-0.95^{*}	-0.57	0.89^{*}	-0.98^{**}	-0.97^{**}
微生物量氮	-0.83^{*}	-0.60	0.82^{*}	-0.90^{*}	-0.93^{**}
微生物量碳氮比	-0.28	0.18	0.09	-0.13	0.01
土壤呼吸	-0.90^{*}	-0.72	0.96^{**}	-0.93^{**}	-0.84^{*}
微生物代谢熵	0.75	0.45	-0.66	0.80	0.88^{*}
葡萄糖苷酶	-0.91^{*}	-0.41	0.80	-0.91^{*}	-0.96^{**}
酸性磷酸酶	-0.97^{**}	-0.57	0.90^{*}	-0.98^{**}	-0.91^{*}
芳基硫酸酯酶	-0.84^{*}	-0.52	0.76	-0.86^{*}	-0.91^{*}
脲酶	-0.96^{**}	-0.53	0.91^{*}	-0.98^{**}	-0.99^{**}
过氧化氢酶	-0.71	-0.91^{*}	0.87^{*}	-0.77	-0.65
蔗糖酶	-0.95^{**}	-0.61	0.97^{**}	-0.98^{**}	-0.93^{**}

注:$*.P<0.05$;$**.P<0.01$。

从表中可以看出,在采煤沉陷区煤矸石复垦场地基础理化指标中。除土壤紧实度外,土壤容重、土壤含水率、pH 值和电导率与大部分土壤生物学参数表现出一定的相关性。其中土壤含水率与土壤生物学参数成正相关,土壤容重、pH 值、电导率与大部分生物学参数呈负相关。

土壤容重是指单位体积的土壤质量(包括固相、液相和气相),研究表明较小的土壤容重能够表征土壤结构疏松、孔隙度高、透气性好。较小的土壤容重更有利于复垦后土壤微生物的生长发育、土壤酶的产生和分泌。

土壤电导率(Electrical conductivity,EC)反映了在一定水分条件下土壤盐分的实际状况,且包含了土壤水分含量及离子组成等丰富信息。过高的土壤电导率限制植物和微生物活性,影响到土壤养分和污染物的转化、存在状态及有效性。在一定浓度范围内,土壤溶液含盐量与电导率成正相关,溶解的盐类越多,溶液电导率就越大,故可根据溶液电导率的大小,间接地测量土壤含盐量。电导法常被用作土壤盐分测定方法之一,近年来,国内外许多学者建议直接用电导率表示土壤含盐量。

3.4.2 复垦土壤生物学特性和土壤养分参数相关性分析

采煤沉陷区煤矸石充填复垦土壤养分参数和土壤生物学特性相关性分析结果见表 3-2。从表中可以看出,土壤细菌数量与有机质、总氮、速效磷、速效钾含量呈显著正相关(P<0.05)。复垦场地土壤真菌数量与土壤有机质、速效磷、速效钾含量呈显著正相关(P<0.05)。土壤放线菌数量与土壤有机质、总氮、速效磷、速效钾含量呈显著正相关(P<0.05)。土壤微生物量碳含量和土壤有机质、总氮、速效磷、速效钾含量等指标成正相关(P<0.05)。土壤微生物量氮含量与土壤有机质、总氮、速效磷、速效钾含量等指标呈显著正相关(P<0.05)。土壤微生物量碳氮比土壤养分指

标间无显著相关性。土壤呼吸值与有机质、总氮($P<0.05$)。土壤微生物代谢熵和有机质、速效磷、速效钾呈显著负相关($P<0.05$)。土壤 β-葡萄糖苷酶活性与有机质、速效磷、速效钾含量呈显著正相关($P<0.05$)。土壤酸性磷酸酶活性与有机质、总氮含量呈显著正相关($P<0.05$)。芳基硫酸酯酶活性与土壤有机质、总氮、速效磷、速效钾含量成正相关($P<0.05$)。土壤脲酶活性与土壤有机质、总氮、速效磷、速效钾含量成正相关($P<0.05$)。过氧化氢酶活性与土壤有机质、总氮含量成正相关($P<0.05$)。蔗糖酶活性与土壤有机质、总氮含量成正相关($P<0.05$)。

表 3-2　　土壤养分参数和生物学指标之间相关性

	有机质	总氮	速效磷	速效钾
细菌	0.94**	0.83*	0.89*	0.93**
真菌	0.91*	0.80	0.94**	0.97**
放线菌	0.93**	0.85*	0.95**	0.96**
MBC	0.98**	0.90*	0.87*	0.94**
MBN	0.95**	0.88*	0.92**	0.98**
微生物 CN	−0.017	−0.045	−0.20	−0.21
土壤呼吸	0.93**	0.92*	0.59	0.73
微生物代谢熵	−0.84*	−0.77	−0.96**	−0.96**
葡萄糖苷酶	0.88*	0.78	0.90*	0.92**
酸性磷酸酶	0.93**	0.88*	0.74	0.81
芳基硫酸酯酶	0.90*	0.84*	0.93**	0.94**
脲酶	0.95**	0.87*	0.83*	0.90*
过氧化氢酶	0.86*	0.94**	0.46	0.61
蔗糖酶	0.95**	0.88*	0.68	0.80

* . $P<0.05$；** . $P<0.01$。

3.4.3 复垦土壤生物学特性和土壤重金属参数相关性分析

（1）复垦土壤重金属含量分析及评价

煤矸石是煤炭开采和洗煤过程中产生的固体废物，包括掘进矸石和洗选矸石等。煤矸石是在成煤期间与煤炭伴生的岩石，煤矸石主要成分有 Al_2O_3、SiO_2、Fe_2O_3、CaO、MgO、Na_2O、K_2O、P_2O_5、SO_3 和微量元素镓、钒、钛、钴等。研究表明，煤矸石在风化过程和地下水作用下能释放出 As、Cd、Cr、Pb 等有害重金属，具有一定的潜在的危险性。本书涉及的采煤沉陷区煤矸石充填复垦土壤中重金属含量如表 3-3 所示。

表 3-3　　　煤矸石充填复垦土壤重金属含量　　　单位:$mg \cdot kg^{-1}$

	As		Cd		Cr		Cu		Pb		Zn	
	SD	mean	SD	mean	SD	mean	SD	mean	SD	mean	SD	mean
对照	15.79	1.63	0.72	0.19	78.13	14.11	37.31	9.21	21.64	9.91	85.23	27.02
R1	6.00	0.45	0.17	0.06	70.59	6.62	17.79	2.52	10.85	0.73	44.83	3.98
R2	6.88	0.85	0.20	0.09	60.41	15.22	15.11	4.00	9.76	2.11	39.29	10.04
R4	9.29	3.24	0.31	0.11	74.71	13.36	19.06	4.29	11.13	0.75	46.29	2.38
R5	7.85	1.23	0.28	0.13	77.90	23.38	20.41	6.94	12.29	3.08	52.57	15.72
R8	6.23	3.76	0.18	0.11	81.62	32.41	25.10	10.55	12.85	5.04	57.13	22.40
R12	14.58	3.29	0.69	0.12	69.54	19.09	29.23	11.75	19.82	6.53	60.95	17.13

本书研究区域的采煤沉陷区煤矸石场地在复垦后作为农用地使用，因此先根据土壤重金属环境质量Ⅱ级标准对煤矸石充填复垦场地土壤重金属污染情况进行了评价。

本研究综合考虑重金属对土壤生态系统的影响，同时考虑环境因素、土壤生物对环境中重金属的响应，依据国家土壤环境质量标准及山东省土壤环境背景值（表 3-4），运用单因子污染指数法

(3-15)和综合污染指数法(3-16)对采煤沉陷区复垦场地土壤污染程度进行评价。

单因子污染指数法计算公式为(3-15)：

$$P_i = \frac{C_i}{S_i} \tag{3-15}$$

式中　P_i——土壤中污染物 i 的环境质量指数；

　　　C_i——污染物 i 的实测值的质量分数，$mg \cdot kg^{-1}$；

　　　S_i——污染物 i 的评价标准，$mg \cdot kg^{-1}$。

内梅罗综合污染指数计算公式为(3-16)：

$$P_{综} = \sqrt{\frac{(C_i/S_i)_{max} + (C_i/S_i)_{av}}{2}} \tag{3-16}$$

式中　$P_{综}$——土壤综合污染指数；

　　　$(C_i/S_i)_{max}$——土壤污染物中污染指数最大值；

　　　$(C_i/S_i)_{av}$——土壤污染物中污染指数平均值。

表 3-4　　　　土壤重金属环境质量Ⅱ级标准　　　　单位：$mg \cdot kg^{-1}$

| 重金属 | 场地土壤重金属限值(pH 值分组/旱地) | | | | 土壤背景值（山东） | 毒性系数 |
	≤5.5	>5.5～6.5	>6.5～7.5	>7.5		
As	45	40	30	25	7.40	10
Cd	0.25	0.30	0.45	0.80	0.055	30
Cr	120	150	200	250	56.88	2
Cu	50	50	100	100	21.29	5
Pb	80	80	80	80	29.06	5
Zn	150	200	250	300	53.97	1

煤矸石充填复垦土壤样品重金属污染情况依据中国土壤重金属环境质量标准(GB 15618—1995)二级标准(表 3-4)计算出来的单因子污染指数和综合指数如表 3-5 所示。从表 3-5 中可以看

出,大部分煤矸石充填复垦土壤重金属单因子污染指数计算结果小于对照场地土壤。土壤综合指数计算结果表明,对照场地土壤重金属污染指数大于复垦场地 R1—R12 样地土壤污染指数,其大小顺序依次是:Control＞R12＞R4＞R5＞R8＞R1＝R2。根据表3-6 的土壤污染等级划分标准可知,对照场地土壤重金属污染等级处于警戒状态,复垦场地 R1—R12 样地土壤重金属污染等级均处于安全状态。

环境质量分析中经常采用 Hakanson 潜在生态评价指数法对重金属潜在生态危害情况进行评估,Hakanson 潜在生态评价指数法分单一重金属潜在危害系数(3-18)和多种重金属潜在危害指数(3-19),具体如下:

重金属元素的污染系数计算公式为(3-17):

$$C_r^i = C_{实测}^i / C_n^i \tag{3-17}$$

式中　C_r^i——某一种金属的污染系数;

　　　$C_{实测}^i$——重金属元素的实测含量;

　　　C_n^i——重金属元素的评价标准。

表 3-5　　　煤矸石充填复垦土壤重金属污染指数

	单因子污染指数						综合指数
	AS	Cd	Cr	Cu	Pb	Zn	
Control	0.63	0.90	0.31	0.37	0.27	0.28	0.72
R1	0.24	0.22	0.28	0.18	0.14	0.15	0.24
R2	0.28	0.25	0.24	0.15	0.12	0.13	0.24
R4	0.37	0.39	0.30	0.19	0.14	0.15	0.33
R5	0.31	0.35	0.31	0.20	0.15	0.18	0.30
R8	0.25	0.23	0.33	0.25	0.16	0.19	0.28
R12	0.58	0.87	0.28	0.29	0.25	0.20	0.68

土壤重金属元素的潜在危害系数计算公式为(3-18)：

$$E_r^i = T_r^i \times C_r^i \qquad (3\text{-}18)$$

式中　E_r^i——某种重金属的潜在危害系数；

　　　T_r^i——某种重金属的毒性响应系数；

　　　C_r^i——重金属元素的污染系数，由 $C_{实测}^i/C_n^i$ 确定。

Hakanson 潜在生态评价指数法中多种重金属综合潜在危害系数计算公式为(3-19)：

$$RI = \sum_{i=1}^{n} T_r^i C_r^i \qquad (3\text{-}19)$$

式中　RI——多种重金属的综合潜在生态危害指数；

　　　T_r^i——某种重金属的毒性响应系数；

　　　C_r^i——重金属元素的污染系数。

表 3-6　　　　　　　土壤重金属污染等级划分标准

分级	单因子污染指数分级标准		综合污染指数分级标准	
	污染指数	污染等级	污染指数	污染等级
1 级 Grade 1	$P \leqslant 1$	清洁	$P \leqslant 0.7$	安全
2 级 Grade 2	$1 < P \leqslant 2$	轻污染	$0.7 < P \leqslant 1$	警戒
3 级 Grade 3	$2 < P \leqslant 3$	中污染	$1 < P \leqslant 2$	轻污染
4 级 Grade 4	$P > 3$	重污染	$2 < P \leqslant 3$	中污染
5 级 Grade 5	—		$P > 3$	重污染

本书采用 Hakanson 潜在生态评价指数法对复垦土壤中重金属环境效应进行评价。对照场地土壤和煤矸石复垦场地 R1～R12 中 As、Cd、Cr、Cu、Pb、Zn 等重金属潜在生态危害系数(E_n)计算结果见表 3-7。在 As、Cd、Cr、Cu、Pb、Zn 六种土壤重金属中，重金属 Cd 的潜在生态危害系数最高，在对照土壤和煤矸石充填复垦土壤中生态危害系数依次是 395.08、94.32、111.20、169.62、

152.35、98.69、379.10;砷的潜在生态危害系数处于第二位,生态危害系数变化范围从 8.11~21.34。其他重金属潜在生态危害系数则较小。依据表 3-8 Hakanson 潜在生态危害分级标准可以看出,对照场地和复垦场地 R12 样地土壤重金属 Cd 具有较强的生态潜在危害,煤矸石复垦场地 R1、R2、R4、R5 和 R8 样地潜在生态危害处于中等状态,其他重金属潜在生态危害均处于轻微状态。

表 3-7 潜在生态危害系数和危害指数

	潜在生态危害系数						潜在生态危害指数 RI
	AS	Cd	Cr	Cu	Pb	Zn	
Control	21.34	395.08	2.75	8.76	3.72	1.58	433.23
R1	8.11	94.32	2.48	4.18	1.87	0.83	111.79
R2	9.30	111.20	2.12	3.55	1.68	0.73	128.59
R4	12.55	169.62	2.63	4.48	1.92	0.86	192.05
R5	10.61	152.35	2.74	4.79	2.12	0.97	173.58
R8	8.42	98.69	2.87	5.89	2.21	1.06	119.14
R12	19.70	379.10	2.45	6.86	3.41	1.13	412.64

从表 3-7 潜在生态危害指数(RI)计算结果来看,对照场地和复垦场地所有样地中潜在生态危害指数 RI 按从大到小顺序依次是:对照场地>R12>R4>R5>R2>R8>R1。经查表 3-8 可知,对照场地和复垦场地 R12 样地土壤潜在生态危害处于很强状态,复垦场地 R4 样地土壤潜在生态危害处于强的状态,其余各复垦场地潜在生态危害均处于中等状态。

表 3-8 Hakanson 潜在生态危害分级标准

生态危害	轻微	中等	强	很强	极强
E_r^i	<40	40~80	80~160	160~320	>320
RI	<90	90~180	180~360	360~720	>720

② 煤矸石充填复垦土壤生物学特性和重金属含量相关性分析。

采煤沉陷区煤矸石充填复垦土壤重金属和生物学指标相关性分析结果如表 3-9 所示。相关性分析表明,采煤沉陷区煤矸石充填复垦土壤中可培养细菌、真菌、放线菌、微生物量碳含量与土壤中 Cu、Pb 和 Zn 含量成正相关($P<0.05$),与 As、Cd 和 Cr 无显著相关性。微生物量氮含量与土壤中 Cu、Zn 含量成正相关,与 As、Cd、Cr 和 Pb 无明显相关性。土壤中微生物量碳氮比、土壤微生物呼吸、过氧化氢酶活性、蔗糖酶活性与土壤六种重金属含量无明显相关性。土壤微生物代谢熵与 Cu、Pb 和 Zn 呈负相关($P<0.05$),与 As、Cd、Cr 无显著相关性。土壤中 β-葡萄糖苷酶活性与 Cu 和 Zn 含量成正相关,与 As、Cd、Cr、Pb 含量无显著相关性。土壤酸性磷酸酶活性与 Zn 含量成正相关($P<0.05$),与 As、Cd、Cr、Cu 和 Pb 含量无明显相关性。土壤芳基硫酸酯酶、脲酶活性与 Cu 和 Zn 成正相关,与 As、Cd、Cr 和 Pb 无显著相关性。

表 3-9　　　　土壤重金属和生物学指标之间相关性

	As	Cd	Cr	Cu	Pb	Zn
细菌	0.69	0.71	0.53	0.92*	0.82*	0.94**
真菌	0.61	0.66	0.44	0.94**	0.84*	0.95**
放线菌	0.74	0.76	0.38	0.94**	0.87*	0.92*
MBC	0.68	0.69	0.47	0.87*	0.78	0.89*
MBN	0.62	0.66	0.29	0.85*	0.79	0.85*
微生物 CN	0.15	0.067	0.47	0.013	0.059	0.041
土壤呼吸	0.50	0.48	0.52	0.57	0.48	0.65
微生物代谢熵	0.62	0.67	0.25	−0.92**	−0.85*	−0.88*
葡萄糖苷酶	0.53	0.57	0.54	0.94**	0.78	0.95**
酸性磷酸酶	0.60	0.58	0.59	0.79	0.65	0.82*

	As	Cd	Cr	Cu	Pb	Zn
芳基硫酸酯酶	0.61	0.64	0.37	0.92*	0.80	0.89*
脲酶	0.52	0.54	0.59	0.86*	0.71	0.91*
过氧化氢酶	0.45	0.40	0.28	0.38	0.32	0.42
蔗糖酶	0.49	0.49	0.60	0.68	0.57	0.78

*.$P<0.05$；**.$P<0.01$。

从本文研究结果来看,煤矸石充填复垦土壤中大部分生物学指标与重金属 As、Cd、Cr 和 Pb 间无显著相关性。结合重金属潜在生态危害评价结果分析其原因如下:在复垦场地土壤生态恢复过程中,大部分复垦土壤中重金属含量低于其发挥生态效应的阈值,不足以危害复垦土壤生态系统功能。土壤中 Cu 和 Zn 与细菌、真菌、放线菌、MBC、MBN、微生物代谢熵以及部分土壤酶等指标呈显著相关,其原因可能与这两种金属在在土壤微生物及新陈代谢中充当辅因子。如锌可以充当木瓜蛋白酶、铜锌－超氧化物歧化酶(Cu,Zn-SOD)、碳酸酐酶、羧肽酶、醇脱氢酶、胶原酶的辅因子。铜离子在生理生化反应中充当铜锌－超氧化物歧化酶、抗坏血酸氧化酶、细胞色素氧化酶、赖氨酸氧化酶、酪氨酸酶等辅酶或辅因子。

3.5 复垦土壤质量评价

土壤生态系统是一个复杂的、动态的体系,所表现出来的土壤质量是土壤中物理、化学、生物和重金属含量等众多参数综合作用的结果。土壤质量评价方式可根据目标土壤承担的功能和土壤评价的具体要求不同,通过选择相应的指标进行有机组合。土壤参数单因子分析的结果往往不能从整体角度反映出复垦场地土壤生态系统目前的状态。因此在对场地质量评价时需要将单个因素评价结果进行分级、评价和量化表达,转化为由各参数因子评价构成的土壤质量综合评价。本书选择了土壤评价中常用的土壤生态系统质量指数(Soil Quality Index,SQI)评价模型对采煤塌陷区煤矸石充填复垦场地土壤质量进行评价。

为了研究采煤沉陷区煤矸石充填复垦土壤质量情况以及生物学特性在土壤质量评价所占的地位,本书拟采用全量数据集(Total Data Set,TDS)和最小数据集(Minimum Data Set,MDS)两种质量评价方法对煤矸石充填复垦土壤质量进行评价。全量数据集是指将煤矸石复垦场地全部原始数据原封不动的从数据库中提取出来,将全部土壤测定指标用来评价复垦场地土壤质量。最小数据集法是首先用主成分分析法对所有指标进行分析,提取主成分特征值较大的土壤参数。主成分特征值越大越能代表土壤质量特征,一般在分析中选择主成分特征值大于1的参数进行分析。

3.5.1 利用加权和法计算复垦土壤质量指数

采煤塌陷区煤矸石充填复垦土壤生态系统质量指数(Soil quality index,SQI)计算方式为,首先对煤矸石充填复垦场地土壤各评价指标隶属度和权重进行计算;然后将二者的乘积进行加和。公式(3-20):

$$SQI = \sum W_i \times F(X_i) \tag{3-20}$$

式中　SQI——土壤质量综合评价指数;

　　　W_i——第 i 个评价指标的权重;

　　　$F(X_i)$——第 i 个评价指标的隶属度值。

3.5.2 基于全量数据集的复垦土壤质量评价

1. 复垦土壤指标标准化处理

在土壤质量评价中,通常涉及到土壤物理、化学、生物学等各种指标,各个指标的测量方法、指标单位各不相同。将不同的指标直接进行比较是不可能的,因此本书需要将所有数据首先进行标准化处理,然后加以比较。与原始数据相比,标准化处理后土壤参数数据之间可进行计算和比较。而且经过数据标准化处理后,用来计算土壤质量的数据均为相对数值,在计算土壤质量指数时各个指标之间的差异更加显著,而且避免了计算结果受土壤参数量纲的影响,保证了分析统计结果的客观性和科学性。本书通过spss 18.0对获得的煤矸石充填复垦土壤数据采用 z 标准化处理,即均值为 0,方差为 1。z 标准化处理基于原始数据的均值(mean)和标准差(Standard deviation, SD)进行数据的标准化,处理过程如下。

将复垦土壤参数数据的原始值使用 z-score 标准化的计算公式(3-21):

$$z_{ij} = (x_{ij} - x_i)/s_i \qquad (3\text{-}21)$$

式中　　z_{ij}——标准化后的变量值;

　　　　x_{ij}——实际变量值;

　　　　x_i——各变量的算术平均值;

　　　　s_i——标准差。

煤矸石充填复垦土壤数据标准化后,数据服从以 0 为均值,1 为标准差的标准正态分布。复垦场地土壤因子标准化数据如表3-1。

表 3-10　　　　　　　复垦场地土壤因子标准化数据

	对照	R1	R2	R4	R5	R8	R12
土壤容重	−1.03	1.33	1.47	−0.05	−0.57	−0.64	−0.83
紧实度	−0.24	0.08	−0.22	−0.16	−0.18	−0.16	−0.16
含水率	0.03	−1.36	−1.02	−0.75	−0.38	−0.46	−0.61
有机质	1.36	−0.93	−0.17	0.14	0.65	0.57	0.99

	对照	R1	R2	R4	R5	R8	R12
总氮	0.92	−0.92	−0.16	−0.05	0.09	0.11	0.28
速效磷	0.34	−0.64	−0.57	−0.57	−0.42	−0.3	0.04
速效钾	0.9	−0.87	−0.64	−0.66	−0.3	−0.25	0.19
pH	−3.2	0.54	0.43	0.12	−0.17	−0.11	−0.23
电导率	−1.24	1.36	1.28	0.82	0.04	−0.05	−0.26
细菌	2.38	−0.6	−0.53	0.52	0.99	1.16	1.85
真菌	1.5	−0.66	−0.47	−0.3	0.28	0.66	0.99
放线菌	2.22	−0.76	−0.34	0.3	0.51	1.11	1.92
MBC	2.67	−0.61	−0.12	0.62	1.1	1.17	1.78
MBN	3.50	−0.42	0.44	0.25	1.14	1.41	1.96
土壤呼吸	−0.28	−0.82	−0.65	−0.46	−0.36	−0.47	−0.42
微生物代谢熵	−0.38	−0.89	−0.73	−0.56	−0.46	−0.56	−0.52
β-葡萄糖苷酶	−0.77	−0.75	−0.76	−0.76	−0.76	−0.77	−0.77
酸性磷酸酶	1.63	−0.95	−0.81	−0.36	0.16	0.98	1.05
芳基硫酸酯酶	3.72	−0.51	−0.18	1	0.98	1.2	1.41
脲酶	3.02	−0.26	0.41	0.64	0.9	1.95	2.28
过氧化氢酶	−0.3	−0.98	−0.88	−0.7	−0.51	−0.4	−0.38
蔗糖酶	1.11	0.93	1.63	1.86	1.9	1.73	1.81

2. 利用因子分析法对土壤指标权重分析

在划分土壤功能以后,需要建立各项土壤指标相对于某一土壤功能的权重,以及各项土壤功能相对土壤质量的权重。本书通过因子分析法计算土壤各项指标相对于土壤功能的权重。

煤矸石充填复垦土壤参数权重值计算公式(3-22):

$$W_i = ComponentCapacity_i / \sum_{i=1}^{n} (ComponentCapacity_i)$$

(3-22)

式中　W_i——各土壤指标权重值；

$Component\ Capacity_i$——第 i 个土壤指标的负荷量。

利用因子得分系数矩阵分析煤矸石充填复垦土壤参数各项指标相对于土壤功能的权重值计算结果如表 3-11 所示。

表 3-11　　　　土壤质量参数载荷矩阵、
各因子公因子方差(共同度)及权重

	主成分				共同度	权重
	因子 1	因子 2	因子 3	因子 4		
土壤容重	0.91	0.18	0.27	0.26	0.997	0.046
紧实度	0.68	0.47	0.49	0.27	0.999	0.034
含水率	0.95	0.11	0.15	0.18	0.97	0.048
有机质	0.98	0.16	0.01	0.01	0.992	0.050
总氮	0.96	0.08	0.24	0.08	0.998	0.049
速效磷	0.93	0.32	0.04	0.14	0.978	0.047
速效钾	0.95	0.28	0.07	0.07	0.986	0.048
pH	0.83	0.44	0.33	0.11	0.996	0.042
电导率	0.98	0.13	0.06	0.1	0.991	0.050
细菌	0.98	0.02	0.17	0.09	0.993	0.050
真菌	0.97	0.13	0.15	0.07	0.994	0.049
放线菌	0.97	0.04	0.17	0.1	0.986	0.049
MBC	1	0.03	0.02	0.05	0.995	0.051
MBN	0.97	0.19	0.09	0.1	0.992	0.049
土壤呼吸	0.92	0.3	0.12	0.23	0.998	0.047
微生物代谢熵	0.92	0.29	0.12	0.22	0.999	0.047

	主成分				共同度	权重
	因子 1	因子 2	因子 3	因子 4		
葡萄糖苷酶	0.89	0.19	0.15	0.36	0.978	0.045
酸性磷酸酶	0.96	0.09	0.22	0.06	0.989	0.049
芳基硫酸酯酶	0.95	0.19	0.16	0.13	0.975	0.048
脲酶	0.97	0.1	0.11	0.19	0.996	0.049
过氧化氢酶	0.96	0.13	0.22	0.04	0.99	0.049
蔗糖酶	0.15	0.98	0.11	0.04	0.993	0.008
特征值	19.78	4.85	3.47	2.90		
百分率%	83.87%	9.04%	3.64%	0.55		
累计百分率%	83.87%	92.91	96.55%	99.62%		

在因子分析中，一般特征值高于 1 的主成分因其能表征更多的总变异性，所以只有特征值高于 1 的主成分才能得以保留。按照此筛选标准，表 3-11 分析结果中主成分因子 1 到主成分 4 因其特征值大于 1 而得以保留，而根据累计百分率来看，两个主成分就能解释 92.91% 土壤参数指标。

对煤矸石充填复垦土壤质量评价指标进行因子分析的结果见表 3-11。从分析结果可知，当煤矸石充填复垦土壤参数主成分数量等于 2 时，累积贡献率已经达到 92.91%，大于 85%。我们认为前 2 个主成分所包含的信息可以代表复垦土壤信息。由于各土壤质量评价指标的重要性不同，故可用权重系数来表示各指标的重要程度。利用主成分的因子载荷量来确定复垦土壤各指标的权重，避免人为因素对评价因子权重的影响，复垦土壤参数指标权重值计算结果见表 3-11。

3. 复垦土壤特性指标隶属度值计算

土壤质量标准是模糊的、渐变的，其等级是人为确定的，各等级间不存在明显的期限。因此土壤参数指标的量化十分重要,模糊数学理论可以达到将土壤指标量化的目的。在土壤指标的模糊评价中,以隶属度值来评价指标的状况,而指标隶属度可以用隶属函数来表达。建立隶属函数(membership function)可以确定某一评价指标隶属于某一等级标准的可能程度。一般隶属函数的建立需综合考虑评价因素与土壤质量、作物反应间的关系、专家经验和数学原理等。一般常见的连续型指标的隶属度函数可分为三种类型,即正 S 形,反 S 形和抛物线曲线形,各指标的隶属度采用 0～1 的封闭区间曲线,最优条件取 1,最差条件取 0,其余各数值可通过数学模型计算得到,具体如下:

① 正 S 形隶属函数。

正 S 形隶属函数是指土壤参数数值大小与土壤生态功能剂量—效应曲线呈正 S 形,即土壤指标与土壤功能在一定范围内呈正相关,高于或低于阈值后评价指标对土壤功能的影响较小[180]。土壤参数指标剂量—效应呈正 S 形隶属函数的指标包含有机质、总氮、速效磷、速效钾、脲酶、蔗糖酶、酸性磷酸酶和过氧化氢酶等。计算公式(3-23):

$$F(X_i) = \begin{cases} 1(X_i \geqslant b) \\ \dfrac{X_i - a}{b - a}(a < X_i < b) \\ 0(X_i \leqslant a) \end{cases} \tag{3-23}$$

式中　$F(X_i)$——某项土壤质量指标的隶属度值;

　　　X_i——第 i 项指标标准化因子值;

　　　a——第 i 项标准化因子中最小值;

　　　b——第 i 项标准化因子中最大值。

② 反 S 型隶属函数。

反 S 型隶属函数是指土壤参数数值大小与土壤生态功能剂量—效应曲线呈反"S"形,即土壤指标与土壤功能在一定范围内呈正相关,高于或低于阈值后评价指标对土壤功能的影响较小。土壤参数指标剂量—效应呈反 S 形隶属函数的指标有电导率等。计算公式(3-24):

$$F(X_i) = \begin{cases} 1 & (X_i \geq b) \\ \dfrac{b - X_i}{b - a} & (a < X_i < b) \\ 0 & (X_i \leq a) \end{cases} \tag{3-24}$$

式中　$F(X_i)$——某项土壤质量指标的隶属度值;

　　　X_i——第 i 项指标标准化因子值;

　　　a——第 i 项标准化因子中最小值;

　　　b——第 i 项标准化因子中最大值。

③ 抛物线型隶属函数。

抛物线型隶属函数是指土壤参数数值大小与土壤生态功能剂量—效应曲线呈抛物线型,即土壤指标对土壤功能影响存在一个最适区间,超出最适范围后,随着偏离度的增加,对土壤功能影响越小。如 pH、含水率、容重和紧实度等,方程为(3-25)。

$$F(X_i) = \begin{cases} 1 & (b_1 \leq X_i \geq b_2) \\ \dfrac{X_i - a_1}{b_1 - a_1} & (a_1 < X_i < b_1) \\ \dfrac{a_2 - X_i}{a_2 - b_2} & (b_2 < X_i < a_2) \\ 0 & (X_i \leq a_1 \text{ 或 } X_i \geq a_2) \end{cases} \tag{3-25}$$

式中　$F(X_i)$——某项土壤质量指标的隶属度值;

　　　X_i——第 i 项指标标准化因子值;

　　　a_1——第 i 项标准化因子中最小值;

　　　a_2——第 i 项标准化因子中最大值;

　　　b_1——第 i 项标准化因子最适区间的最小值;

　　　bb_2——第 i 项标准化因子最适区间的最大值。

④ 复垦土壤土壤隶属度值计算结果。

采煤沉陷区煤矸石充填复垦土壤参数隶属度值计算结果如表 3-12 所示。

表 3-12　　　　　煤矸石充填复垦土壤指标隶属度

	对照1	R1	R2	R4	R5	R8	R12
土壤容重	0.81	0.06	0.02	0.5	0.67	0.69	0.75
紧实度	0.72	0.63	0.72	0.7	0.7	0.7	0.7
含水率	0.25	0.04	0.03	0.09	0.16	0.15	0.12
有机质	0.61	0.03	0.22	0.3	0.43	0.41	0.52
总氮	0.48	0.03	0.21	0.24	0.28	0.28	0.32
速效磷	0.29	0.04	0.06	0.06	0.1	0.13	0.21
速效钾	0.5	0.04	0.1	0.1	0.19	0.2	0.31
pH	1	0.67	0.69	0.77	0.84	0.83	0.86
电导率	1	0.24	0.27	0.4	0.63	0.66	0.72
细菌	1	0.13	0.15	0.46	0.6	0.64	0.85
真菌	0.61	0.06	0.11	0.15	0.3	0.4	0.48
放线菌	1	0.21	0.32	0.49	0.55	0.7	0.92
MBC	1	0.11	0.25	0.45	0.58	0.6	0.76
MBN	1	0.09	0.29	0.24	0.45	0.51	0.64
土壤呼吸	0.17	0.02	0.07	0.12	0.15	0.12	0.13
微生物代谢熵	0.85	0.98	0.94	0.89	0.87	0.89	0.88
β-葡萄糖苷酶	0.23	0.01	0.01	0.01	0.01	0.12	00.16
酸性磷酸酶	0.88	0.05	0.1	0.24	0.41	0.67	0.7
芳基硫酸酯酶	1.00	0.09	0.16	0.41	0.41	0.46	0.50
脲酶	1	0.1	0.29	0.35	0.42	0.71	0.8
过氧化氢酶	0.37	0.09	0.13	0.21	0.29	0.33	0.34
蔗糖酶	0.71	0.64	0.9	0.99	1	0.94	0.97

（4）基于全量数据集的复垦土壤质量评价结果

基于全量数据集的煤矸石充填复垦土壤质量评价结果见表
3-11：

表 3-13　　　　　　　　煤矸石充填复垦土壤质量指数

	对照	R1	R2	R4	R5	R8	R12
土壤质量指数（SQI）	0.94	0.32	0.42	0.54	0.61	0.66	0.71

表 3-13 揭示了煤矸石充填复垦土壤质量指数。从表中可以
看出,煤矸石充填复垦土壤复垦后 1～12 年期间,复垦土壤 SQI
指数从 0.32 上升到 0.71,其变化规律随复垦时间呈增加趋势,表
明煤矸石充填复垦土壤在土壤质量得到改善。煤矸石复垦土壤
SQI 增加幅度为 221.74%,年增长率为 18.48%。与对照土壤质
量指数相比仍旧偏低,1～12 年煤矸石充填复垦土壤 SQI 指数分
别相当于对照土壤的 34.18%、44.59%、56.90%、64.23%、
70.17% 和 75.80%。

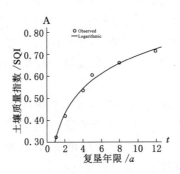

图 3-16　煤矸石充填复垦场地
土壤质量指数（SQI）拟合曲线

运用回归分析法对采煤沉陷区煤矸石复垦场地耕作层土壤质

量指数变化趋势进行分析,得到拟合方程(3-26):

$$SQI = 0.15 + 0.66 \times \ln(t) \qquad (3-26)$$

式中 SQI——复垦土壤质量指数;

    t——复垦时间。

对煤矸石充填复垦土壤质量指数变化趋势拟合方程进行分析,方程拟合优度 R^2 为 0.98,表明拟合效果好,能够反映煤矸石充填复垦土壤质量变化情况。拟合结果表明采煤沉陷区煤矸石充填复垦土壤生态系统演替方向为正向演替。

3.5.3 基于最小数据集的复垦土壤质量评价

最小数据集可以通过测定较少的数据来分析土壤质量情况。本研究在全量数据集分析的基础上,重点考虑选取能体现复垦土壤生态系统功能和生态过程的生物学指标,同时兼顾理化性质,共计筛选了土壤紧实度、pH 值、电导率、有机质、MBC、MBN、微生物代谢熵、芳基硫酸酯酶、脲酶、过氧化氢酶和蔗糖酶的 11 个土壤参数指标组成最小数据集,分别表征土壤物理化学特征、土壤微生物特征、土壤代谢特征和土壤酶学特征来计算土壤质量综合指数,评价煤矸石充填复垦土壤质量对土地复垦过程的响应。使用SPSS18.0 对所选取的 11 个土壤质量评价指标进行主成分分析,计算权重等指标。

1. 基于最小数据集土壤质量因子权重分析

通过对煤矸石充填复垦土壤质量 11 个评价指标进行因子分析,结果见表 3-14。从表中分析结果可知,当煤矸石充填复垦土壤参数主成分数量等于 2 时,累积贡献率已经达到 93.73%,大于85%。我们认为前 2 个主成分所包含的信息可以代表复垦土壤信息。由于各土壤质量评价指标的重要性不同,故可用权重系数来表示各指标的重要程度。利用主成分的因子载荷量来确定复垦土壤各指标的权重,避免人为因素对评价因子权重的影响。煤矸石充填复垦土壤 11 个土壤参数指标权重值见表 3-14。

表 3-14 土壤质量参数载荷矩阵、各因子公因子方差(共同度)及权重

	主成分		共同度	权重
	因子 1	因子 2		
紧实度	0.25	−0.76	0.63	0.03
有机质	0.28	0.95	0.99	0.04
pH	−0.89	−0.41	0.96	0.12
电导率	0.3	−0.92	0.94	0.04
MBC	0.79	0.6	0.98	0.10
MBN	0.78	0.59	0.95	0.10
微生物代谢熵	−0.9	0.44	1.00	0.12
芳基硫酸酯酶	0.86	0.43	0.93	0.11
脲酶	−0.71	0.7	0.99	0.09
过氧化氢酶	0.96	−0.15	0.94	0.13
蔗糖酶	−0.86	0.5	1.00	0.11
特征值	5.97	4.34		
百分率%	54.29	39.45		
累计百分率%	54.29	93.73		

2. 基于最小数据集土壤质量因子隶属度值

对煤矸石充填复垦土壤质量 11 个评价指标进行进行隶属度值计算,结果见表 3-15。

表 3-15 煤矸石充填复垦土壤指标隶属度

	对照	R1	R2	R4	R5	R8	R12
紧实度	0.72	0.63	0.72	0.7	0.7	0.7	0.7
有机质	0.61	0.03	0.22	0.3	0.43	0.41	0.52

	对照	R1	R2	R4	R5	R8	R12
pH	1	0.67	0.69	0.77	0.84	0.83	0.86
电导率	1	0.24	0.27	0.4	0.63	0.66	0.72
MBC	1	0.11	0.25	0.45	0.58	0.6	0.76
MBN	1	0.09	0.29	0.24	0.45	0.51	0.64
微生物代谢熵	0.85	0.98	0.94	0.89	0.87	0.89	0.88
芳基硫酸酯酶	1	0.09	0.16	0.41	0.41	0.46	0.5
脲酶	1	0.1	0.29	0.35	0.42	0.71	0.8
过氧化氢酶	0.37	0.09	0.13	0.21	0.29	0.33	0.34
蔗糖酶	0.71	0.64	0.9	0.99	1	0.94	0.97

3. 基于最小数据集土壤质量评价结果

基于选定的 11 土壤参数指标,并根据公式(3-20)计算出煤矸石充填复垦土壤质量综合指数(SQI)见表 3-16。从表中结果可知,采煤沉陷区复垦土壤质量综合指数随恢复年限的增加呈上升趋势。

表 3-16　　　　　煤矸石充填复垦土壤质量指数

	对照	R1	R2	R4	R5	R8	R12
土壤质量指数(SQI)	0.72	0.11	0.19	0.31	0.39	0.64	0.73

对采煤沉陷区煤矸石复垦场地耕作层土壤质量指数变化趋势进行回归分析,得到拟合方程(3-27):

$$SQI = 0.038 + 0.26 \times \log(t) \tag{3-27}$$

式中　SQI——复垦土壤质量指数;

　　　t——复垦时间。

对复垦土壤微生物量碳含量变化趋势拟合方程进行分析,方

程拟合优度 R^2 为 0.92,表明拟合效果好。基于最小数据集土壤质量评价结果能够反映煤矸石充填复垦土壤质量变化情况。

3.5.4 基于全量数据集和最小数据集计算的土壤质量指数比较

采煤沉陷区复垦土壤是一个复杂的系统,土壤参数变异系数大,空间异质性强。复垦土壤肥力、功能、健康情况是由固相、液相、气相等各种土壤组分的优劣情况及各组分间相互作用结果决定的,是诸多土壤指标的综合反映。复垦土壤质量评价指标体系构建时应该综合考虑物理、化学、生物学等土壤参数,突出主导因子,保证土壤质量综合评价结果能体现复垦土壤功能。根据这一原则,在土壤质量综合指数计算中应选取尽量多的指标参数(全量数据集),土壤数据力图涵盖物理、化学、肥力、生物等指标,但全量数据集在实际操作中因其工作量大而很难实现。在土壤质量评价中更多的是根据土壤类型、土壤功能、评价目的而对土壤指标进行取舍,选取具有代表性的土壤指标进行评价。在本书研究中,我们关注于采煤沉陷区充填复垦土壤功能变化趋势及影响因素,因此我们在课题组工作基础上选取最能反映土壤功能的指标,使得应用这些指标对土壤质量评价能够达到以下目的:数据能综合反映复垦土壤物理、化学、生物学性质;数据测定方法简单、快捷、重现性好;数据适用于矿区环境条件,对环境要素和管理措施变化敏感,能准确体现复垦土壤关键功能变化。基于上述目的,本书选取了 11 个土壤指标为代表(最小数据集)对复垦土壤质量进行评价,并将评价结果与根据全量数据集计算的复垦土壤质量指数进行比较,评价最小数据集的合理性与使用的可行性。

通过比较煤矸石充填复垦土壤恢复过程中基于全量数据集和最小数据集计算的土壤综合质量指数,以验证最小数据集所筛选的 11 个土壤质量评价指标体系在土地复垦过程中应用的适用性和准确性结果见图 3-17。从图中可看出,基于全量数据集和最小数据集计算的土壤质量指标结果变化趋势一致。土地复垦 $1 \sim 5$ 年期间 SQI 差异较大，表现为 $SQI(\text{TDS}) > SQI(\text{MDS})$；土地复垦 $8 \sim 12$ 年期间，$SQI(\text{TDS})$ 和 $SQI(\text{MDS})$ 的差异很小，数据点基本重合。说明应用所选取的 11 个土壤质量指标能表征复垦土壤质量情况，随着复垦时间的增加，所选取评价指标的代表性和适用性增加。

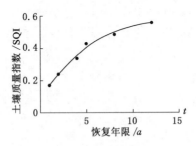

图 3-17 煤矸石充填复垦场地
土壤质量指数(SQI)拟合曲线

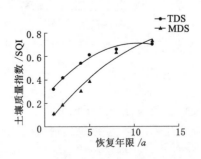

图 3-18 两种土壤综合指数计算结果比较

从表 3-17 煤矸石充填复垦土壤指标权重值分析结果表明，在全量数据集中土壤物理化学指标权重值为 0.42，土壤生物学指标权重值为 0.58。在最小数据集中土壤物理化学指标权重值为

0.23,土壤生物学指标权重值为0.77。

表 3-17　　　　　两种数据集评价指标及权重值比较

目标级名称	全量数据集（TDS）			最小量数据集（MDS）		
	权重	二级指标	权重	权重	二级指标	权重
土壤物理指标	0.18	土壤容重	0.046	0.07	紧实度	0.03
		紧实度	0.034		电导率	0.04
		含水率	0.048			
		电导率	0.050			
土壤化学指标	0.24	有机质	0.049	0.16	有机质	0.04
		总氮	0.047		pH	0.12
		速效磷	0.048			
		速效钾	0.042			
		pH	0.050			
土壤微生物指标	0.25	细菌	0.050	0.2	MBC	0.1
		真菌	0.049		MBN	0.1
		放线菌	0.049			
		MBC	0.051			
		MBN	0.049			
土壤代谢指标	0.09	土壤呼吸	0.047	0.12	微生物代谢熵	0.12
		微生物代谢熵	0.047			
土壤酶学指标	0.24	葡萄糖苷酶	0.045	0.44	芳基硫酸酯酶	0.11
		磷酸酶	0.049		脲酶	0.09
		脲酶	0.048	0.13	过氧化氢酶	
		芳基酯酶	0.049		蔗糖酶	0.11
		过氧化氢酶	0.049			
		蔗糖酶	0.008			

　　从权重值计算结果看,无论在全量数据集中还是在最小数据集中生物学指标均表现出较高的权重值,表明土壤生物学特性指

标在土壤质量评价中占有重要地位,是引起复垦土壤综合质量指数改变的最主要驱动力。这种驱动作用在利用最小数据集计算复垦土壤 SQI 值时尤为明显,土壤生物学指标的权重值更高。如微生物代谢熵在 TDS 和 MDS 中的权重分别是 0.047 和 0.12,过氧化氢酶的权重由 0.049(TDS)上升到 0.13(MDS),芳基硫酸酯酶的权重由 0.049(TDS)上升到 0.11(MDS);而理化性质权重值变化不大,如有机质和紧实度指标分别由 0.49(TDS)和 0.034(TDS)变化为 0.04(MDS)和 0.03(MDS)。为探讨土壤生物学指标在 SQI 指数计算中的地位,我们也计算了只包含复垦土壤理化性质指标体系的 SQI 值,SQI 计算结果如下:对照土壤(0.62)、R1(0.18)、R2(0.24)、R4(0.34)、R5(0.43)、R8(0.44)和 R(0.48)。结果表明,只包含土壤理化性质数据的土壤 SQI 尽管也能反映出复垦土壤质量变化情况,但与全量数据集和最小数据集相比 SQI 值偏小;对 SQI 变化趋势的统计学分析结果表明,复垦 5~12 年的 SQI 值间无显著性差异($P>0.05$)。说明与全量数据集和最小数据集计算方法相比,只考虑土壤理化性质指标计算出 SQI 数值与复垦土壤实际情况偏差较大,对环境要素和管理措施变化不明显,不能准确体现出复垦土壤功能发生变化。

在应用最小数据集计算土壤指数中,本书根据主成分分析结果和他人研究结果,在土壤评价二级指标中选取能突出表征土壤结构特征和功能特征的指标。如土壤紧实度能充分反映土壤物理结构;土壤电导率反映了土壤中盐分含量;有机质代表了土壤养分指标;土壤 pH 值是影响土壤酶空间构象和底物化学价键解离的关键因素,同时也是影响土壤植物生长主要因素之一;MBC、MBN指标综合体现土壤微生物生存状态;土壤微生物代谢熵能够体现土壤生物的新陈代谢活性和能量产生情况。蔗糖酶、芳基硫酸酯酶、脲酶、过氧化氢酶等指标分别反映土壤中纤维素、硫元素、氮元素和有机质等物质周转情况,能表征土壤物质循环功能。此外,过氧化氢酶还能表征土壤抵御环境胁迫的能力。总的来说,本书以代表复垦土壤功能的生物学指标为基础,兼顾土壤理化指标和环境健康指标,将采煤沉陷区复垦土壤生态系统功能的完善程度纳入土壤质量评价之中,注重土壤生态过程的恢复,研究结果为矿区复垦土壤质量评价指标体系的构建提供了依据。

通过比较全量数据集和最小数据集计算的土壤质量综合指数还可以看出,两种评价方法中土壤理化特性权重值变化较小,对环境变化不敏感。而生物学指标的对环境因素的敏感性优于理化性质指标。在复垦初始阶段煤矸石充填复垦土壤中的生物学指标受到扰动较大,其数值与对照土壤相比处于较低水平;随着复垦时间的延长,土壤微生物种群种类和数量在合适的生存对策(r 对策)下逐渐适应复垦土壤生境,并通过植物——微生物体系在改善复垦土壤生境方面占有主导地位,驱动复垦土壤生态系统由不稳定状态趋于稳定状态;在植物——微生物体系的作用下,土壤生物学指标,尤其是根际圈附近的土壤生物学指标趋向于相对稳定的状态,接近恢复到正常土壤水平。由于土壤理化指标对植物生长、作物轮作等环境因素的敏感程度低,变化速度慢,根据全量数据集计算出来的 SQI 结果在复垦前期偏大,后期偏小,增长趋势变慢。基于生物学指标的变化特性及在土壤物质循环中的驱动作用,我们认为可能由最小数量集计算出复垦土壤综合质量计算的结果可能更能表征复垦土壤功能的生态恢复进程,计算方法能应用于本区域内复垦土壤质量评价。

3.6 讨论

煤炭开采对陆地景观、地面生态系统和地下生态系统造成显著的负面影响。导致陆地景观改变或者消失、生态系统结构受损,功能受阻,甚至带来整个生态系统的退化或消失。由于气候、地形、地貌的不同,煤炭开采在在中国东西部带来的影响有所不同,在东部带来大面积土地沉陷,导致陆生生态系统向水生生态系统转型;在西部煤炭开采则导致原本脆弱的生态系统趋于退化甚至崩溃,向沙漠化半沙漠化演替(图 3-19)。对矿区土壤进行复垦暨生态系统重建,能有效的减缓矿区土壤生态系统退化,促进矿区经济的可持续发展[120]。

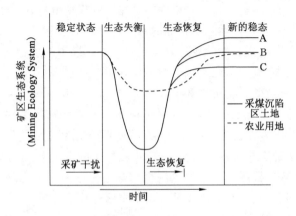

图 3-19　矿区生态系统重建及演替(参照 Ussiri 绘制[120])

矿区复垦场地土壤从起源来说属于人造土壤,从发育时间来说是成土历史短、非常年轻的土壤,从演替来说是属于非典型的次生裸地。在采煤沉陷区景观重建过程中,充填物料的使用使得复垦土壤中含有很多的外来物质,比如煤粉、煤矸石、粉煤灰、建筑垃圾及生活垃圾等。Ashby、Ciolkosz、Thurman 等人研究表明,矿区复垦场地土壤中外来物质所占的比例可达到 32% ~ 67%[121-123]。非土物质的存在、工程实施中大型机械的使用往往使复垦场地土壤有着较大的机械强度、较低的含水率、较高的土壤容重。本研究也证实了煤矸石复垦场地不同恢复生态过程中土壤演变特性发展的规律,在复垦初期土壤具有紧实度高、土壤容重大、含水率低、土壤侵蚀度大、易于水土流失等特点。随着农作物耕作过程中土壤翻耕及农作物保水保墒作用,复垦场地表层土壤(0~20 cm 耕作层)紧实度、土壤容重迅速下降,含水率增加。复垦场地深层土壤(20~40 cm)土壤物理参数尽管也有同样的变化趋势,但由于受耕作的影响不大,表现不如表层土壤明显。

矿区复垦土壤表层覆土来源各不相同,有来自原有表层土壤的剥离、有的来自其他沉陷区的挖深垫浅工程[9]。研究表明在复垦工程实施过程中,表层覆土往往要经过剥离、堆放、运输和平整等过程。这些操作会导致表土层原有的水分大量蒸发、土壤层次被打乱、有机质、总氮、速效磷、速效钾等营养组分迅速流失,使得复垦初期土壤物理、化学、生物等性质与成熟土壤相差较大[124]。复垦初期的土壤一般存在含水率低、剖面层次不明显、营养成分缺乏且比例失调、肥力下降等特点[44,125]。在生态恢复过程中,随着耕作年限的增加,作物的根系和凋落物不断进入土壤、大量有机肥和化肥的施用,均能有效的改变土壤物理化学性质、营养物质成分含量,提高土壤肥力(图 3-20)[126]。本研究发现,由于营养组分在土壤表层的集聚作用,营养物质土壤剖面不同层次的分布随着复垦生态过程出现差异,表明复垦场地土壤重新出现了分层现象,这也与其他人研究相一致[50,114,127-129]。

在矿区复垦土壤中 pH 值、电导率能影响营养物质的解离及可用性,进而影响到植物生长和土壤生态系统的发育和演替。与对照场地土壤不同,矿区复垦土壤 pH 值、电导率除了受到灌溉水、化肥等因素的影响外,还受到充填物料自身性质的影响。Mays 等人研究发现,在使用含有硫化亚铁(FeS_2)较高的废弃矿石进行土地复垦时,随着生态恢复时间的延长,岩石中的硫化亚铁在水和氧气的作用下分解形成硫酸亚铁,导致土壤 pH 值降低、电导率增加、营养成分可利用率低、降低土壤肥力、微生物区系及数量发生改变,严重的甚至影响地面植物生长[130]。在某些极端情况下(pH<5.5),甚至需要使用碱石灰、粉煤灰等碱性物质对土壤加以改良。国外对矿区复垦土壤研究也表明,充填物料对复垦土壤 pH 和电导率的影响是较为缓慢的过程,往往要经过长期(>10年)定位观察才能看出差异[70]。而在本书研究中,发现土壤总体 pH 值偏碱性(pH>7),所用充填物料煤矸石中硫化亚铁含量较低,复垦场地土壤没有出现 pH 显著降低的情况。但由于复垦场地重建时间较短,是否会出现 pH 值降低的情况,需要进一步进行跟踪研究。

土壤中以细菌、真菌和放线菌为代表的土壤微生物区系,微生物量碳、微生物量氮、微生物熵为代表的土壤微生物量,土壤基础呼吸、微生物代谢熵为代表的土壤代谢指标,蔗糖酶、葡糖糖苷酶、脲酶为代表的土壤功能指标不仅是复垦土壤改良情况、土壤肥力的重要指标,同时也是预测土壤生态系统演替方向和速率的重要参数。采煤沉陷区土著土壤微生物区系和数量随着采煤沉陷区的形成几乎丧失殆尽,复垦场地土壤中的微生物主要来源于表层覆土和农作物根系。研究土壤微生物生态系统的重建过程及速率有助于预测土壤诸多生态过程状态。此外,土壤微生物和农作物根系形成的根际圈也是场地生态系统物质和能量循环的主要完成者和驱动力,根际圈功能的稳定有助于建立健康稳定复垦场地生态系统。本研究结果证实,在煤炭开采和复垦工程实施过程中,采煤沉陷区复垦场地土壤微生物数量受到了极大影响。在合适的管理措施下,复垦场地土壤的物理化学性质发生正向演替,尤其是土壤中凋落物和腐殖质的增加有助于土壤微生物生长发育,而土壤微生物的增加有助于土壤物理化学性质的改良。本书研究表明,土壤细菌、真菌和放线菌在复垦完成多年后对照复垦初期,均有较大幅度增加。复垦年限的增加能显著影响场地土壤微生物量和土壤酶学指标,0~20 cm 和 20~40 cm 土层微生物增加与复垦时间呈显著正相关,这也与其他人的研究相一致[32,66,74,129,131,132]。土壤理化性质改善、施肥、农作物生长、土壤微生物区系和土壤动物区系的形成都是促使土壤微生物量和土壤酶活性增加的重要因素（图3-18）[84,133-136]。植物生长，尤其是凋落物的分解能够有效提高土壤微生物量和酶活性增加，国外对土壤微生物量酶活性的土壤剖面分布研究证实土壤微生物量和土壤酶主要分布在植物根系附近[137-140]。研究表明，有机质投入的增加、植物多样性及生物量提高、地膜覆盖等管理措施均有助于提高矿区复垦场地土壤微生物量和酶学特征，进而改善矿区复垦场地土壤质量[70,141,142]。

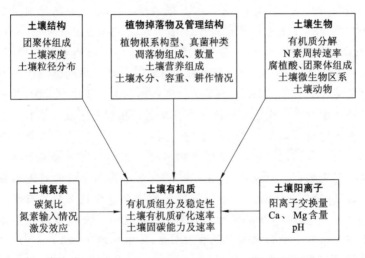

图 3-20 复垦场地土壤参数改变示意图[126]

沉陷区的形成源于采空区沉陷，原有的表层土壤在沉陷区形成后位于沉陷区底部。在沉陷区景观再造过程中，原有土层被填充物料所覆盖，其中的有机碳组分被封存起来。而复垦场地表层覆土（50~100 cm）因为其主要来源于挖深垫浅所得，其中含有有机碳含量较少。复垦场地土壤在生态系统重建和恢复过程中，主要依赖植物和土壤微生物来改变土壤物理、化学及生物学参数来达到改善土壤质量的目的[143]。这个阶段实际上也是空气中无机碳经过植物的光合作用进入复垦场地土壤中进行封存的过程。因此，在合适的管理措施下，矿区充填复垦场地土壤可以作为碳汇（Carbon Sink）存在。采煤沉陷区复垦场地土壤通过选择合理的用途和引入适宜的植物，如做为耕地、林地、草地、牧场等，不仅可以扭转矿区土壤质量退化的趋势，而且可以促进土壤生态系统的稳定和土壤有机碳的固存[143-145]。Akala 和 Lal 研究表明，在合适管理措施下，俄亥俄州矿区土壤在复垦完成 25 年期间土壤有机碳的固存量高达 30 Mg·ha^{-1}[146]。据估计，美国复垦后的场地土壤和林地土壤在生态恢复过程中土壤有机碳的固存速度可达 0.25 MgC·ha^{-1}·yr^{-1}[147]。据政府间气候变化专门委员会（IPCC）2000 年公布的数据表明，欧洲和美国矿区复垦土壤的固碳速率变化范围在 0.2～2 MgC·ha^{-1}·yr^{-1} 之间。进一步研究表明，复垦场地土壤对大气中的碳的固存主要是通过植物根系和土壤微生物协作来完成。复垦场地表层土壤，尤其是 0～15 cm 土层土壤是碳固存的主要活动区域，土壤微生物将有机碳储存在土壤团聚体中来实现碳固存。研究表明，在良好的环境条件与合适的管理措施下，矿区复垦土壤对大气中二氧化碳的固存速率甚至超过自然土壤[148-150]。我们后续的研究也发现，采煤沉陷区充填复垦场地土壤在复垦后土壤有机碳含量增加明显，复垦场地 0～20 cm 土层土壤固碳效率可达 1.89 MgC·ha^{-1}·yr^{-1}。研究结果表明，通过矿区土地复垦来实现二氧化碳减排的策略是切实可行。

使用煤炭开采利用过程中的副产品（如煤矸石、粉煤灰）对沉陷区进行充填是采煤沉陷区土地复垦和景观再造中常见的方法。使用矿山生产过程的废弃物尽管经济可行，但也使复垦场地土壤面临重金属污染的潜在风险。国内外研究已经证实，尽管复垦场地土壤中大部分的重金属生物可利用性发生变化，但在淋溶和渗滤的作用下，部分重金属可能会随之迁移到土壤表层或地下水，从而使环境面临一定的污染风险[151-153]。对矿区复垦场地土壤可能面临的重金属污染风险进行评价,创建土壤重金属稳定化管理机制,以期避免出现生态系统的健康风险是十分必要的。本书研究发现,随着复垦时间增加,复垦场地土壤中部分重金属含量呈增加趋势。生态健康评价结果表明,除镉以外,大部分土壤重金属单因子评价指数处于清洁或轻微污染状态。潜在生态危害系数和危害指数分析也表明,除复垦 12 年的土壤外,其余复垦场地土壤污染指数均处于强以下水平。本研究发现尽管复垦土壤潜在生态危害系数和危害指数方面与复垦年限成正相关,但是与非沉陷区土壤相比还是处于较低水平。一般来说土壤中重金属可能的来源包括大气沉降、化肥和农药的施用、污水灌溉等。由于没有对复垦土壤中重金属来源进行解析,所以本书不能确定复垦场地土壤重金属来源。

3.7　小结

本章研究了我国华东地区采煤沉陷区煤矸石充填复垦土壤 0～20 cm 和 20～40 cm 土层土壤可培养微生物数量、微 生 物 量碳、微生物量氮、微生物熵、土壤基础呼吸、微生物代谢熵、土壤酶活性等生物学指标的变化特性,并分析了生物学特性与理化性质之间的相关性系。结论如下:

①煤矸石充填复垦土壤在复垦 12 年后,0～20 cm 和 20～40 cm 土层土壤生物学指标与复垦第 1 年土壤相比有较大改变,具体如下:可培养细菌数量分别增了加 497.93％和 575.4％;可培养真菌数量增加了 657.1％和 295.4％;可培养放线菌数量增加了 287.9％;土壤微生物量碳含量增加了 360.7％和 259.7％;土壤微生物量氮含量增加了 398.8％和 44％;微生物熵增加了 51.4％和 43.5％;土壤呼吸增加了 174％和 53％;土壤微生物代谢熵下降了

40.6％和18.7％;过氧化氢酶活性增加了49.7％和122％;β-葡萄糖苷酶活性增加了7.08倍和1.14倍;酸性磷酸酶活性增加了4.04倍和5.14倍;脲酶活性增加了1.46倍和0.65倍;蔗糖酶活性增加了2.37倍和1.6倍;芳基硫酸酯酶活性增加了6.56倍和1.01倍。

② 煤矸石充填复垦土壤理化性质和生物学指标之间的相关性分析结果表明:土壤容重和细菌、真菌、放线菌、MBC、MBN、土壤呼吸、葡萄糖苷酶、酸性磷酸酶、芳基硫酸酯酶、脲酶、过氧化氢酶和蔗糖酶均呈显著负相关。土壤紧实度和土壤过氧化氢酶活性呈显著负相关。土壤有机质、总氮、速效磷、速效钾和大部分生物学指标呈显著正相关。在煤矸石充填复垦土壤中大部分生物学指标与As、Cd、Cr和Pb无显著相关性,结合重金属潜在生态危害评价结果分析,采煤沉陷区煤矸石充填复垦土壤重金属含量不足以影响土壤生态系统质量。

③ 采用全量数据集和最小数据集法对煤矸石充填复垦土壤质量评价和质量指数回归分析表明:煤矸石复垦场地土壤质量指数随复垦时间增加,说明采煤沉陷区煤矸石充填复垦土壤质量演替方向为正向演替。

4 充填物料对复垦场地土壤生物学特性影响的研究

采煤沉陷区景观恢复是矿区土地复垦过程中一个重要组成部分。据统计,大部分采煤沉陷区深度超过 1 m,有的甚至达到 10 m 以上。采煤沉陷区土地复垦过程需要将沉陷区地面恢复到设定标高,为了实现这一目标需要大量的土石方。这使得政府和企业为了完成沉陷区复垦面临着巨大的经济和工程量压力。为了节约经济成本,减少土方利用量,煤矿企业和相关单位不断寻求经济、安全的充填介质。在采煤沉陷区土地复垦中常用采煤废弃物(煤矸石)作为充填介质代替土壤置于沉陷区界面和表土层之间。在此方法下形成的重构土壤中,充填物料代替风化土壤构成土壤剖面组成,充当了土壤部分的功能。据调查,在目前已经完成的采煤沉陷区复垦场地中,大多以煤矸石作为充填介质。此外,随着燃煤电厂粉煤灰产量不断增加(通常每消耗 4t 煤炭就会产生 1t 粉煤灰,据统计我国 2013 年粉煤灰产量达到 5.32 亿 t),在安全、可控的条件下利用粉煤灰对采煤沉陷区进行景观再造和土地复垦也具有一定的经济和技术可行性。在条件许可的情况下,遵循因地制宜、就地取材原则下利用河流和湖泊疏浚而来的底泥作为沉陷区充填基质也在一定区域内得以使用。

煤矸石、粉煤灰、湖泊底泥的物理结构、化学组成和生物学活性均与自然风化土壤完全不同,其存在可能会影响到复垦土壤生物学特征。为了研究充填物料对复垦场地土壤生物学特性的影响,合理的选择沉陷区复垦充填介质。本书对已有的不同物料充填复垦场地土壤生物学特性进行研究,分析和比较煤矸石充填复垦场地(1997年复垦)、粉煤灰充填复垦场地(1998年复垦)和湖泊底泥充填复垦场地(1999年复垦)土壤生物学特性间差异情况。

4.1 充填物料对复垦土壤微生物学特性影响的研究

4.1.1 充填物料对复垦土壤细菌数量影响的研究

图4-1(a)结果表明,采煤沉陷区煤矸石复垦场地、粉煤灰复垦场地0~10 cm土层土壤可培养细菌数量分别为$6.73×10^7$ CFU·g^{-1}和$5.24×10^7$ CFU·g^{-1},低于对照场地土壤相同深度土层可培养细菌数量($9.67×10^7$ CFU·g^{-1}),差异显著($P<0.05$)。湖泊底泥复垦场地0~10 cm土层土壤可培养细菌数量($10.42×10^7$ CFU·g^{-1})与对照场地土壤细菌数量相比无显著差异。在三种复垦场地中,0~10 cm土层土壤可培养细菌数量从多到少依次是湖泊底泥复垦场地、煤矸石复垦场地和粉煤灰复垦场地。

图4-1(b)揭示了采煤沉陷区煤矸石复垦场地、粉煤灰复垦场地和湖泊底泥复垦场地10~20 cm土层土壤可培养细菌数量测定结果。结果表明三种复垦场地土壤可培养细菌数量分别相当于对照土壤细菌数量的57.5%、44.17%和111.25%。煤矸石复垦场地和粉煤灰复垦场地土壤中可培养细菌数量与对照场地土壤细菌数量相比显著低于对照场地土壤($P<0.05$)。湖泊底泥复垦场地土壤可培养细菌数量高于煤矸石复垦场地和粉煤灰复垦场地,煤矸石充填复垦土壤可培养细菌数量高于粉煤灰复垦场地土壤。

对照场地、煤矸石复垦场地、粉煤灰复垦场地和湖泊底泥复垦场地20~50 cm土层土壤可培养细菌数量分析结果如图4-1(c)所示。湖泊底泥复垦场地可培养细菌数量在四种场地土壤中最多

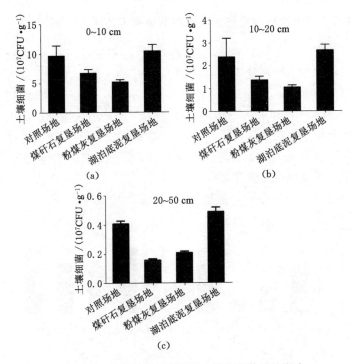

图 4-1　充填物料对复垦场地土壤细菌数量的影响

$(0.49 \times 10^7 \text{ CFU} \cdot \text{g}^{-1})$，煤矸石复垦场地$(0.16 \times 10^7 \text{ CFU} \cdot \text{g}^{-1})$和粉煤灰复垦场地$(0.21 \times 10^7 \text{ CFU} \cdot \text{g}^{-1})$ 20～50 cm 土层土壤可培养细菌数量低于对照场地和湖泊底泥复垦场地土壤细菌数量，差异显著($P < 0.05$)。

对图 4-1 中的三种复垦场地 0～10 cm、10～20 cm 和 20～50 cm 土层可培养细菌数量空间分布特征结果显示，三种复垦场地土壤细菌数量随土层深度增加而减少，差异显著。

4.1.2 充填物料对复垦土壤真菌数量影响的研究

从图 4-2(a)可以看出,对照场地、煤矸石复垦场地、粉煤灰复垦场地和湖泊底泥复垦场地 0～10 cm 土层土壤可培养真菌数量分别为 108.36×10^2 CFU·g^{-1}、64.70×10^2 CFU·g^{-1}、52.15×10^2 CFU·g^{-1} 和 149.64×10^2 CFU·g^{-1}。湖泊底泥复垦场地土壤中可培养真菌数量在四种场地中最多,高于对照场地相同深度土层真菌数量 38.10%;粉煤灰复垦场地可培养真菌数量最低,相当于对照场地可培养真菌数量的 48.13%。

图 4-2(b)中煤矸石复垦场地、粉煤灰复垦场地、湖泊底泥复

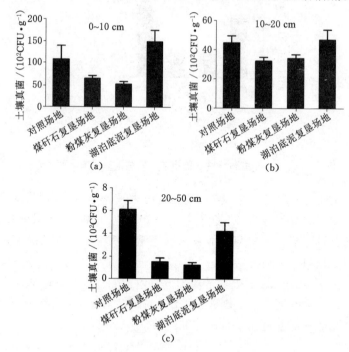

图 4-2 充填物料对复垦场地土壤真菌数量的影响

垦场地 10～20 cm 土层土壤真菌培养结果表明,三种复垦场地土壤中可培养真菌数量分别相当于与对照场地相同深度土壤可培养真菌数量的 57.5％、44.17％和 111.25％。煤矸石和粉煤灰复垦场地土壤中可培养真菌数量与对照场地土壤可培养真菌数量差异显著($P > 0.05$)。湖泊底泥复垦场地与对照场地 10～20 cm 土层可培养真菌数量之间无明显差异。湖泊底泥复垦场地土壤可培养真菌数量高于其他两种复垦场地,差异显著($P < 0.05$)。

对照场地、煤矸石复垦场地、粉煤灰复垦场地和湖泊底泥复垦场地 20～50 cm 可培养真菌数量分析结果如图 4-2(c)所示。三种复垦场地土壤可培养真菌数量均低于对照场地土壤。湖泊底泥复垦场地 20～50 cm 土层土壤可培养真菌数量高于煤矸石复垦和粉煤灰复垦场地,差异极显著($P < 0.01$)。四种场地土壤可培养真菌数量从多到少依次是对照场地、湖泊底泥复垦场地、煤矸石复垦场、粉煤灰复垦场地。

对图 4-2 中的三种复垦场地 0～10 cm、10～20 cm 和 20～50 cm 土层土壤可培养真菌数量空间分布研究结果显示,三种复垦场地可培养真菌数量随深度增加而减少,空间差异显著。

4.1.3 充填物料对复垦土壤放线菌数量影响的研究

对照场地、煤矸石复垦场地、粉煤灰复垦场地和湖泊底泥复垦场地 0～10 cm 土层土壤可培养放线菌数量如图 4-3(a)所示。从图中可以看出,湖泊底泥复垦场地中可培养放线菌数量高于对照场地土壤可培养放线菌数量 11.5％。煤矸石复垦场地和粉煤灰复垦场地土壤可培养放线菌数量低于对照场地土壤 16.6％和21.5％。统计结果表明粉煤灰复垦场地和煤矸石充填复垦土壤中可培养放线菌数量间不存在显著性差异($P > 0.05$)。

图 4-3(b)揭示了对照场地和三种复垦场地 10～20 cm 土壤中可培养放线菌数量分布情况。从图中可以看出,在三种复垦场

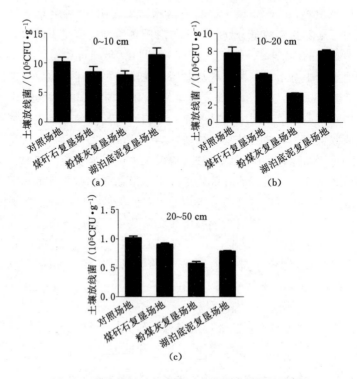

图 4-3　充填物料对复垦场地土壤放线菌数量的影响

地中,湖泊底泥复垦场地 10～20 cm 土层土壤可培养放线菌数量高于煤矸石复垦场地和粉煤灰复垦场地 48.4% 和 141.3%。湖泊底泥复垦场地 10～20 cm 土层土壤可培养放线菌数量与对照场地相同深度土壤放线菌数量相比无显著性差异(P>0.05)。煤矸石复垦场地和粉煤灰复垦场地土壤中可培养放线菌数量低于对照场地土壤中的放线菌菌数量(P>0.05)。粉煤灰充填土壤 10～20 cm 土层可培养放线菌数量在四种场地土壤中数量最低,仅为 3.34×10^5 CFU·g^{-1}。

对照场地、煤矸石复垦场地、粉煤灰复垦场地和湖泊底泥复垦场地 20～50 cm 可培养放线菌数量分析结果如图 4-3(c)所示。图中结果表明,煤矸石复垦场地可培养放线菌数量在三种复垦场地中数量最多($0.91×10^5$ CFU・g^{-1})。粉煤灰复垦场地 20～50 cm 土层可培养放线菌数量($0.58×10^5$ CFU・g^{-1})显著低于其余场地土壤放线菌数量,差异显著($P<0.05$)。

对图 4-3 中的三种复垦场地 0～10 cm、10～20 cm 和 20～50 cm 土层可培养放线菌数量空间分布研究结果显示,三种复垦场地不同土层放线菌数量随深度增加而减少。

4.1.4 充填物料对复垦土壤微生物量碳含量影响的研究

图 4-4(a)揭示了对照场地、煤矸石复垦场地、粉煤灰复垦场地和湖泊底泥复垦场地 0～10 cm 土层土壤微生物量碳含量。从图中可以看出,湖泊底泥复垦场地土壤中微生物量碳含量(284.47 mg・kg^{-1})高于对照场地相同深度土壤微生物量碳含量(198.83 mg・kg^{-1}),二者间差异显著($P<0.05$)。煤矸石复垦场地在所有场地中土壤微生物量碳含量最低(103.37 mg・kg^{-1}),仅相当于对照场地相同深度土壤微生物量碳含量的 51.99%。湖泊底泥复垦场地土壤微生物量碳含量高出煤矸石复垦场地和粉煤灰复垦场地 175% 和 134%。

对照场地和三种复垦场地 10～20 cm 土层土壤中微生物量碳含量情况如图 4-4(b)所示。从图中可以看出,在煤矸石复垦场地、粉煤灰复垦场地和湖泊底泥复垦场地三种土壤中,湖泊底泥复垦场地 10～20 cm 土层土壤微生物量碳含量高于其余三种场地,其含量数值要高出对照场地相同深度土层土壤微生物量碳含量的 63.10%。煤矸石充填复垦土壤中微生物量碳含量最低,相当于对照场地土壤微生物量碳 39.20%。煤矸石充填复垦土壤中微生物量碳含量相当于粉煤灰复垦场地含量 59.22%。

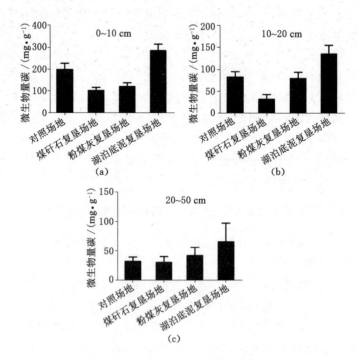

图 4-4　充填物料对复垦场地土壤微生物量碳含量影响

对照场地、煤矸石复垦场地、粉煤灰复垦场地和湖泊底泥复垦场地 20～50 cm 微生物量碳含量分析结果如图 4-4(c)所示。结果表明,对照场地、煤矸石复垦场地和粉煤灰复垦场地三者土壤中微生物量碳含量之间差异不显著($P > 0.05$)。湖泊底泥复垦场地土壤微生物量碳含量在四种场地中最高(65.48 mg·kg^{-1}),高出对照场地、煤矸石复垦场地、粉煤灰复垦场地三种场地土壤微生物量碳含量 105%、116% 和 56.5%,差异显著($P < 0.05$)。

对三种复垦场地土壤微生物量碳含量空间分布特征研究结果表明,三种复垦场地不同土层土壤微生物量碳含量与对照场地土壤微生物量碳含量变化趋势一致,皆为随深度增加而减少,土壤微生物量碳主要分布在表层土壤中。

4.1.5 充填物料对复垦场地土壤微生物量氮含量影响的研究

图 4-5(a)揭示了对照场地、煤矸石复垦场地、粉煤灰复垦场地和湖泊底泥复垦场地 0～10 cm 土层土壤微生物量氮含量分析结果。从图中可以看出,煤矸石复垦场地 0～10 cm 土层土壤微生物量氮含量在四种场地中最低,仅为 14.33 mg·kg^{-1}。粉煤灰复垦场地、对照场地、湖泊底泥复垦场地中土壤微生物量氮含量依次增高,土壤微生物量氮含量分别为 16.55 mg·kg^{-1}、18.67 mg·

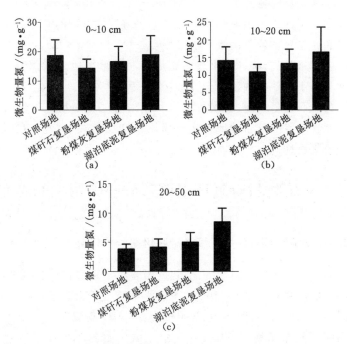

图 4-5 充填物料对复垦场地土壤微生物量氮含量影响

kg^{-1}和 18.91 mg・kg^{-1}。

对照场地、煤矸石复垦场地、粉煤灰复垦场地和湖泊底泥复垦场地 10～20 cm 土层土壤中微生物量氮含量测定结果如图 4-5 (b)所示。从图中可以看出,与对照场地相比,煤矸石复垦场地、粉煤灰复垦场地和湖泊底泥复垦场地土壤中微生物量氮含量分别相当于对照场地相同深度土壤微生物量氮含量的 77.20%、94.25%和 117.19%。

图 4-5(c)分析结果揭示了对照场地、煤矸石复垦场地、粉煤灰复垦场地和湖泊底泥复垦场地 20～50 cm 土层土壤微生物量氮的含量情况。如图所示,对照场地、煤矸石复垦场地和粉煤灰复垦场地土壤微生物量氮的含量在 3.86 mg・kg^{-1}－5.04 mg・kg^{-1}之间波动。统计结果表明三种场地之间没有明显差异(P＞0.05)。湖泊底泥复垦场地土壤微生物量氮含量(8.52 mg・kg^{-1})在四种场地中含量最高,统计结果表明湖泊底泥复垦场地土壤微生物量氮含量高于其他三种场地土壤,差异显著(P＜0.05)。

煤矸石复垦场地、粉煤灰复垦和湖泊底泥复垦场地土壤微生物量氮含量空间分布情况为随土壤深度增加而减少,表现在明显的表层集聚性。

4.2　充填物料对复垦土壤基础呼吸影响的研究

4.2.1　充填物料对复垦土壤基础呼吸影响的研究

图 4-6(a)揭示了对照场地、煤矸石复垦场地、粉煤灰复垦场地和湖泊底泥复垦场地 0～10 cm 土层土壤基础呼吸速率测试结果。从图中可以看出,对照场地、煤矸石复垦场地、粉煤灰复垦场地和湖泊底泥复垦场地 0～10 cm 土层土壤的基础呼吸速率分别为 3.48 μgCO_2・g^{-1}・h^{-1}、3.48 μgCO_2・g^{-1}・h^{-1}、2.56 μgCO_2・

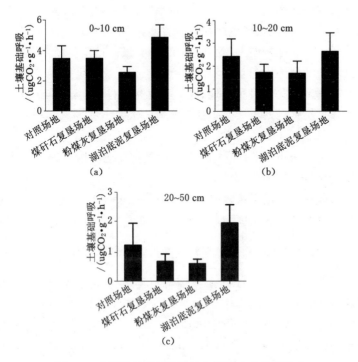

图 4-6　充填物料对复垦场地土壤基础呼吸的影响

$g^{-1} \cdot h^{-1}$ 和 4.86 $\mu gCO_2 \cdot g^{-1} \cdot h^{-1}$。粉煤灰复垦场地基础呼吸速率在四种场地土壤中最低,仅相当于对照场地基础呼吸速率的 73.56%($P < 0.05$)。湖泊底泥复垦场地土壤呼吸高于煤矸石复垦场地(39.7%)和粉煤灰复垦场地(89.8%)。

对照场地、煤矸石复垦场地、粉煤灰复垦场地、湖泊底泥复垦场地 10~20 cm 土层土壤基础呼吸速率情况如图 4-6(b)所示。从图中可以看出,煤矸石复垦场地、粉煤灰复垦场地和湖泊底泥复垦场地土壤基础呼吸速率分别相当于对照场地相同深度土壤基础呼吸速率的 71.07%、69.83% 和 109.10%。湖泊底泥复垦场地土壤基础呼吸速率高于煤矸石复垦场地(53.5%)和粉煤灰复垦场地(56.2%),三种复垦场地间存在显著差异(P<0.05)。

图 4-6(c)分析结果阐明了对照场地、煤矸石复垦场地、粉煤灰复垦场地和湖泊底泥复垦场地 20～50 cm 土层土壤微生物基础呼吸速率测试情况。对照场地、煤矸石复垦场地、粉煤灰复垦场地、湖泊底泥复垦场地土壤基础呼吸速率依次为 1.23 $\mu gCO_2 \cdot g^{-1} \cdot h^{-1}$、0.68 $\mu gCO_2 \cdot g^{-1} \cdot h^{-1}$、0.60 $\mu gCO_2 \cdot g^{-1} \cdot h^{-1}$、1.97 $\mu gCO_2 \cdot g^{-1} \cdot h^{-1}$。对照场地与三种复垦场地土壤基础呼吸速率相比差异显著(P<0.05)。

三种复垦场地土壤呼吸速率空间分布特征结果表明,土壤基础呼吸速率随土壤深度增加而减少。

4.2.2 充填物料对复垦土壤微生物代谢熵影响的研究

图 4-7(a)揭示了对照场地、煤矸石复垦场地、粉煤灰复垦场地和湖泊底泥复垦场地 0～10 cm 土层土壤微生物代谢熵测定结果。从图中可以看出,煤矸石复垦场地 0～10 cm 土层土壤微生物代谢熵在四种样地中最高,为 3.37 $mgCO_2 - Cmg^{-1} \cdot h^{-1}$,与其他三种场地相比差异显著(P<0.05)。粉煤灰复垦场地、对照场地和湖泊底泥复垦场地土壤微生物熵依次降低,分别为 2.11 $mgCO_2 - Cmg^{-1} \cdot h^{-1}$、1.75 $mgCO_2 - Cmg^{-1} \cdot h^{-1}$、1.71 $mgCO_2 - Cmg^{-1} \cdot h^{-1}$。对照场地、湖泊底泥复垦场地、粉煤灰复垦场地土壤微生物代谢熵之间无显著性差异(P>0.05)。

对照场地和煤矸石复垦场地、粉煤灰复垦场地、湖泊底泥复垦场地 10～20 cm 土层土壤微生物代谢熵测定结果如图 4-7(b)所示。从图中可以看出,煤矸石复垦场地微生物代谢熵值要高于对照场地、粉煤灰复垦场地和湖泊底泥复垦场地,差异显著(P<0.05)。湖泊底泥复垦场地和粉煤灰复垦场地土壤微生物代谢熵之间无显著性差异(P>0.05)。

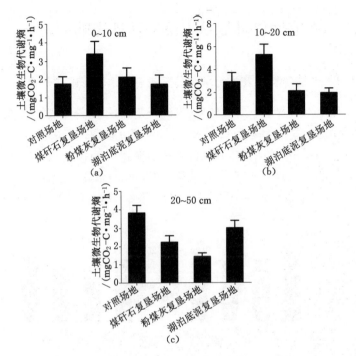

图 4-7　充填物料对复垦场地土壤微生物代谢熵的影响

图 4-7(c)分析结果显示了对照场地、煤矸石复垦场地、粉煤灰复垦场地和湖泊底泥复垦场地 20～50 cm 土层土壤微生物代谢熵测定结果。对照场地、煤矸石复垦场地、粉煤灰复垦场地和湖泊底泥复垦场地四种样地中土壤微生物代谢熵测量结果依次是 3.84 $mgCO_2-C \cdot mg^{-1} \cdot h^{-1}$、2.24 $mgCO_2-C \cdot mg^{-1} \cdot h^{-1}$、1.44 $mgCO_2-C \cdot mg^{-1} \cdot h^{-1}$ 和 3.01 $mgCO_2-C \cdot mg^{-1} \cdot h^{-1}$。与 0～10 cm 和 10～20 cm 相反,20～50 cm 煤矸石充填复垦土壤微生物代谢熵值要低于对照场地和湖泊底泥复垦场地($P<0.05$)。

4.3 充填物料对复垦土壤酶活性影响的研究

4.3.1 充填物料对复垦土壤 β-葡萄糖苷酶活性影响的研究

图 4-8(a)揭示了对照场地、煤矸石复垦场地、粉煤灰复垦场地和湖泊底泥复垦场地 0～10 cm 土层土壤 β-葡萄糖苷酶活性测定情况。从图中可以看出,粉煤灰复垦场地 0～10 cm 土层土壤 β-葡萄糖苷酶活性在四种场地中最低,为 200.50 μgPNP · g^{-1}dw · d^{-1}。煤矸石复垦场地(212.3 μgPNP · g^{-1}dw · d^{-1})、对照场地

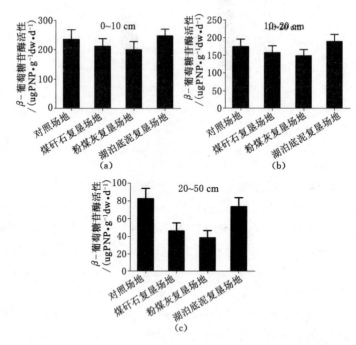

图 4-8 充填物料对复垦场地 β-葡萄糖苷酶活性的影响

（235.63 μgPNP・g^{-1}dw・d^{-1}）和湖泊底泥复垦场地（247.9 μgPNP・g^{-1}dw・d^{-1}）土壤中 β-葡萄糖苷酶活性则依次升高，三种场地间土壤 β-葡萄糖苷酶活性差异不显著（P＞0.05）。

对照场地和煤矸石复垦场地、粉煤灰复垦场地、湖泊底泥复垦场地 10～20 cm 土层土壤中 β-葡萄糖苷酶活性分析结果如图 4-8(b)所示。从图中可以看出，湖泊底泥复垦场地中 β-葡萄糖苷酶在四种场地土壤中活性最高，高出对照场地土壤 β-葡萄糖苷酶活性 8.43％。对照场地、煤矸石复垦场地、粉煤灰复垦场地 β-葡萄糖苷酶活性变化范围在 149.43～175.01 μgPNP・g^{-1}dw・d^{-1}之间波动，三种场地土壤 β-葡萄糖苷酶活性之间差异不显著（P＞0.05）。

图 4-8(c)分析结果阐明了对照场地、煤矸石复垦场地、粉煤灰复垦场地和湖泊底泥复垦场地 20～50 cm 土层土壤 β-葡萄糖苷酶活性测定结果。湖泊底泥复垦场地和对照场地土壤 β-葡萄糖苷酶活性相比差异不显著（P＞0.05）。煤矸石复垦场地和粉煤灰复垦场地土壤 β-葡萄糖苷酶活性低于对照场地土壤酶活性，分别为对照场地土壤酶活性的 55.80％和 46.37％（P＜0.05）。

空间分布特征研究表明，三种复垦场地土壤 β-葡萄糖苷酶活性在土壤剖面上变化趋势趋于一致，即随土壤深度增加而减少。

4.3.2 充填物料对复垦土壤酸性磷酸酶活性影响的研究

图 4-9(a)揭示了对照场地、煤矸石复垦场地、粉煤灰复垦场地和湖泊底泥复垦场地 0～10 cm 土层土壤酸性磷酸酶活性测定结果。从图中可以看出，粉煤灰复垦场地 0～10 cm 土层土壤酸性磷酸酶活性最低，为对照场地土壤酸性磷酸酶活性的 46.25％。对照场地、煤矸石复垦场地和湖泊底泥复垦场地中酸性磷酸酶活性变化范围在 151.19～172.32 μgPNP・g^{-1}dw・d^{-1}之间波动，统计学分析结果显示三种场地土壤酶活性无显著性差异（P＞0.05）。

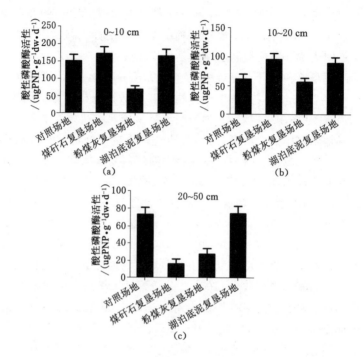

图 4-9　充填物料对复垦场地酸性磷酸酶活性的影响

　　对照场地、煤矸石复垦场地、粉煤灰复垦场地、湖泊底泥复垦场地 10～20 cm 土层土壤酸性磷酸酶活性分析结果如图 4-9(b)所示。从图中可以看出,煤矸石复垦场地、粉煤灰复垦场地、湖泊底泥复垦场地土壤酸性磷酸酶活性分别相当于对照场地土壤酸性磷酸酶活性的 155.26%、92.10% 和 145.29%。煤矸石复垦场地和湖泊底泥复垦场地土壤酸性磷酸酶活性高于粉煤灰复垦场地土壤($P>0.05$)。

　　图 4-9(c)分析结果揭示了对照场地、煤矸石复垦场地、粉煤灰复垦场地和湖泊底泥复垦场地 20～50 cm 土层土壤酸性磷酸酶活

性。湖泊底泥复垦场地和对照场地土壤酸性磷酸酶活性相比无显著性差异。煤矸石复垦场地和粉煤灰复垦场地酸性磷酸酶活性低于对照场地土壤酸性磷酸酶活性，分别为其酶活性的 55.80% 和 46.37%，差异显著($P<0.05$)。

4.3.3　充填物料对复垦土壤脲酶活性影响的研究

图 4-10(a)揭示了对照场地、煤矸石复垦场地、粉煤灰复垦场地和湖泊底泥复垦场地 $0\sim10$ cm 土层土壤脲酶活性测定结果。从图中可以看出，只有粉煤灰复垦场地 $0\sim10$ cm 土层土壤脲酶活

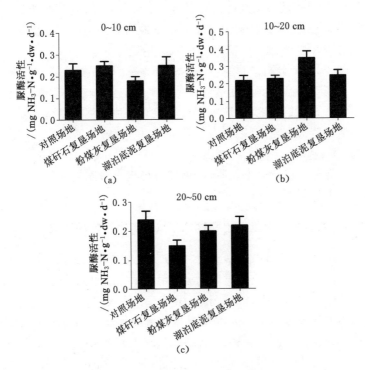

图 4-10　充填物料对复垦场地脲酶活性的影响

性较低（0.18 mg $NH_3-N \cdot g^{-1}dw \cdot d^{-1}$），低于对照场地土壤脲酶活性21.74%。对照场地、煤矸石复垦场地和土壤湖泊底泥复垦场地中土壤脲酶活性变化范围在0.23～0.25 mg $NH_3-N \cdot g^{-1}dw \cdot d^{-1}$之间波动，三种场地土壤脲酶活性无显著性差异（P＞0.05）。

对照场地、煤矸石复垦场地、粉煤灰复垦场地和湖泊底泥复垦场地10～20 cm土层土壤脲酶分布情况如图4-10（b）所示。从图中可以看出，粉煤灰复垦场地10～20 cm土层土壤脲酶活性（0.35 mg $NH_3-N \cdot g^{-1}dw \cdot d^{-1}$）高于对照场地（0.22 mg $NH_3-N \cdot g^{-1}dw \cdot d^{-1}$），两种场地间差异显著（P＜0.05）。统计学分析结果表明煤矸石复垦场地、湖泊底泥复垦场地与对照场地土壤脲酶活性无显著性差异（P＞0.05）。

图4-10（c）分析结果显示了对照场地、煤矸石复垦场地、粉煤灰复垦场地和湖泊底泥复垦场地20～50 cm土层土壤脲酶活性情况。煤矸石复垦场地、粉煤灰复垦场地和湖泊底泥复垦场地土壤脲酶活性依次升高，分别相当于对照场地土壤脲酶活性的62.5%和83.3%和91.67%。

空间分布特征研究表明，三种复垦场地土壤脲酶活性在土壤剖面上无显著性差异（P＞0.05）。

4.3.4 充填物料对复垦土壤过氧化氢酶活性影响的研究

对照场地、煤矸石复垦场地、粉煤灰复垦场地和湖泊底泥复垦场地0～10 cm土层土壤过氧化氢酶活性研究结果如图4-11（a）所示。从图中可以看出，对照场地、煤矸石复垦场地、粉煤灰复垦场地和湖泊底泥复垦场地土壤中过氧化氢酶活性分别是6.15 mL 0.1M $KMnO_4 \cdot g^{-1}dw \cdot h^{-1}$、5.99 mL 0.1 M $KMnO_4 \cdot g^{-1}dw \cdot h^{-1}$、4.75 mL 0.1 M $KMnO_4 \cdot g^{-1}dw \cdot h^{-1}$和6.30 mL 0.1M $KMnO_4 \cdot g^{-1}dw \cdot h^{-1}$。统计分析表明，除粉煤灰复垦场地过氧

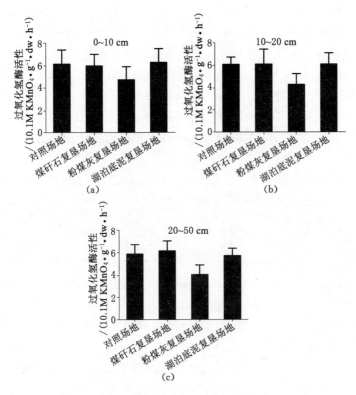

图 4-11　充填物料对复垦场地过氧化氢酶活性的影响

化氢酶活性较低外,对照场地、煤矸石复垦场地和湖泊底泥复垦场地土壤过氧化氢酶活性差异不显著(P>0.05)。

　　图 4-11(b)显示了对照场地、煤矸石复垦场地、粉煤灰复垦场地、湖泊底泥复垦场地 10~20 cm 土层土壤过氧化氢酶活性测定结果。从图中可以看出,粉煤灰复垦场地土壤过氧化氢酶活性低于对照场地 29.32%。煤矸石复垦场地、湖泊底泥复垦场地、对照场地土壤过氧化氢酶活性间无显著差异(P>0.05)。

图 4-11(c)分析结果显示了对照场地、煤矸石复垦场地、粉煤灰复垦场地和湖泊底泥复垦场地 20～50 cm 土层土壤过氧化氢酶活性情况。四种场地土壤过氧化氢酶活性分别是 5.89 mL0.1M KMnO₄·g⁻¹dw·h⁻¹、6.15 mL0.1M KMnO₄·g⁻¹dw·h⁻¹、4.05 mL0.1M KMnO₄·g⁻¹dw·h⁻¹ 和 5.73 mL0.1M KMnO₄·g⁻¹dw·h⁻¹。从图中可以看出,粉煤灰复垦场地土壤过氧化氢酶活性低于对照场地、煤矸石复垦场地和湖泊底泥复垦场地($P>0.05$)。

空间分布研究表明三种复垦场地土壤过氧化氢酶在土壤剖面上没有明显变化趋势,层间差异不显著($P>0.05$)。

4.3.5 充填物料对复垦土壤蔗糖酶活性影响的研究

图 4-12(a)揭示了对照场地、煤矸石复垦场地、粉煤灰复垦场地和湖泊底泥复垦场地 0～10 cm 土层土壤蔗糖酶活性测定结果。从图中可以看出,湖泊底泥复垦场地土壤蔗糖酶活性为 1.25 mgglucose·g⁻¹ dw·h⁻¹,与对照场地土壤蔗糖酶活性(1.20 mg glucose·g⁻¹ dw·h⁻¹)之间差异不显著。煤矸石复垦场地、粉煤灰复垦场地 0～10 cm 土层土壤蔗糖酶低于对照场地土壤酶活性29.93%和44.31%。粉煤灰复垦场地土壤蔗糖酶活性在三种复垦场地中最低。

对照场地、煤矸石复垦场地、粉煤灰复垦场地、湖泊底泥复垦场地 10～20 cm 土层土壤蔗糖酶活性如图 4-12(b)所示。从图中可以看出,湖泊底泥复垦场地 10～20 cm 土层土壤蔗糖酶活性与对照场地土壤相比差异不显著。煤矸石复垦场地和粉煤灰复垦场地土壤中蔗糖酶活性无显著差异($P>0.05$),但二者酶活性低于对照场地土壤蔗糖酶活性($P<0.05$)。

图 4-12(c)阐明了对照场地、煤矸石复垦场地、粉煤灰复垦场地和湖泊底泥复垦场地 20～50 cm 土层土壤蔗糖酶活性情况。如

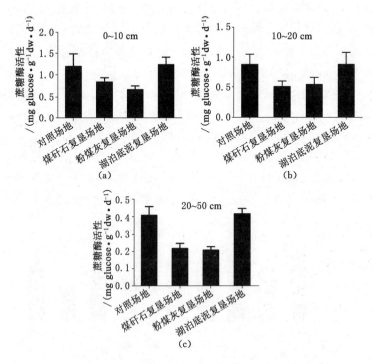

图 4-12　充填物料对复垦场地蔗糖酶活性的影响

图所示,煤矸石复垦场地、粉煤灰复垦场地、湖泊底泥复垦场地土壤蔗糖酶活性分别相当于对照场地土壤同一土层脲酶活性的53.06%和50.61%和101.96%。

空间分布特性研究表明三种复垦场地土壤蔗糖酶随土壤深度增加活性下降,层间差异显著(P<0.05)

4.3.6　充填物料对复垦场地土壤芳基硫酸酯酶活性影响的研究

图 4-13(a)揭示了对照场地、煤矸石复垦场地、粉煤灰复垦场地和湖泊底泥复垦场地 0～10 cm 芳基硫酸酯酶活性。从图中可

以看出,粉煤灰复垦场地芳基硫酸酯酶活性最低,分别低于对照场地、煤矸石复垦场地和湖泊底泥复垦场地土壤芳基硫酸酯酶活性25.2%、8.2%和17.5%。湖泊底泥复垦场地芳基硫酸酯酶活性高于煤矸石复垦场地和粉煤灰复垦场地。

对照场地、煤矸石复垦场地、粉煤灰复垦场地、湖泊底泥复垦场地 $10\sim20$ cm 土层土壤芳基硫酸酯酶活性如图 4-13(b)所示。煤矸石复垦场地芳基硫酸酯酶活性(76.31 μgPNP・g^{-1}dw・d^{-1})与对照场地酶活性相比无显著性差异。粉煤灰复垦场地土 $10\sim20$ 土层土壤芳基硫酸酯酶活性(62.96 μgPNP・g^{-1}dw・d^{-1})低于对照场地 21.54%。湖泊底泥复垦场地芳基硫酸酯酶活

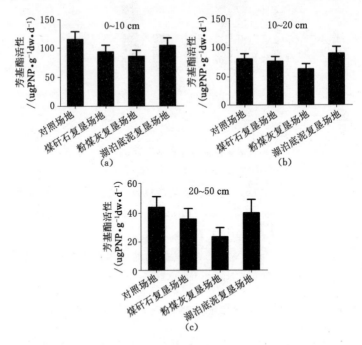

图 4-13　充填物料对复垦场地芳基硫酸酯酶活性的影响

性在四种场地中最高,比对照场地土壤芳基硫酸酯酶活性高出 12.05%。

图 4-13(c)分析结果显示了对照场地、煤矸石复垦场地、粉煤灰复垦场地和湖泊底泥复垦场地 20~50 cm 土层土壤芳基硫酸酯酶性情况。煤矸石复垦场地、粉煤灰复垦场地和湖泊底泥复垦场地土壤芳基硫酸酯酶活性分别是 43.72 μg PNP·g^{-1}dw·d^{-1}、35.58 μg PNP·g^{-1}dw·d^{-1}、23.37 μg PNP·g^{-1}dw·d^{-1} 和 39.77 μg PNP·g^{-1}dw·d^{-1}。三种复垦场地土壤芳基硫酸酯酶活性低于对照场地土壤芳基硫酸酯酶活性,分别相当于对照场地的 81.38%、53.45% 和 90.97%。

4.4 复垦土壤生物学特性和环境因素相关性分析

4.4.1 复垦土壤生物学特性和土壤理化指标相关性分析

煤矸石充填复垦土壤理化性质和生物学指标之间的相关系数分析结果如表 4-1 所示。从表中结果可以看出,复垦场地土壤容重和放线菌数量、MBN 含量、β-葡萄糖苷酶活性、芳基硫酸酯酶活性之间显著相关。土壤紧实度和放线菌数量、芳基硫酸酯酶活性、蔗糖酶活性相关性较强。土壤含水率与真菌数量、土壤呼吸速率、脲酶活性、过氧化氢酶活性相关性较强。pH 值和细菌数量、MBC 含量、土壤呼吸速率、酸性磷酸酶活性、过氧化氢酶活性相关性较强。电导率和土壤微生物代谢熵、蔗糖酶活性相关性较强。煤矸石充填复垦土壤生物学特性和理化指标相关性分析,如表 4-1 所示。

表 4-1　　煤矸石充填复垦土壤生物学特性和理化指标相关性分析

	土壤容重	紧实度	含水率	pH	电导率
细菌	−0.667	−0.463	−0.781	−.897*	−0.431
真菌	−0.783	−0.674	−0.899*	−0.715	−0.706
放线菌	−.898*	−0.925*	−0.767	−0.662	−0.784
MBC	−0.783	−0.545	−0.741	−0.897*	−0.292
MBN	−.889**	−0.795	−0.745	−0.622	−0.828
土壤呼吸	−0.749	−0.780	−0.884**	−0.962*	−0.603
微生物代谢熵	−0.521	−0.765	−0.222	0.05	−0.913*
β-葡萄糖苷酶	−0.947*	−0.756	−0.939*	−0.612	−0.837
酸性磷酸酶	−0.787	−0.684	−0.787	−0.706	−0.721
芳基硫酸酯酶	−.899*	−0.962*	−0.732	−0.80	−0.849
脲酶	−0.78	−0.867	−0.992*	−0.721	−0.696
过氧化氢酶	0.726	0.758	0.998*	0.978*	0.548
蔗糖酶	−0.787	−0.987*	−0.685	−0.726	−0.903*

注：*：$P<0.05$；**：$P<0.01$。

粉煤灰充填复垦土壤理化性质和生物学指标之间的相关系数分析结果如表 4-2 所示。土壤容重值和真菌数量、MBC 含量、MBN 含量、芳基硫酸酯酶活性相关性较强。土壤紧实度和土壤微生物代谢熵相关性较强。土壤含水率和土壤微生物代谢熵、过氧化氢酶活性相关性较强。土壤 pH 值和放线菌数量、土壤呼吸速率、过氧化氢酶活性相关性较强。土壤电导率和微生物代谢熵、脲酶活性相关性较强。

表 4-2　　粉煤灰充填复垦土壤生物学特性和理化指标相关性分析

	土壤容重	紧实度	含水率	pH	电导率
细菌	−0.529	0.40	−0.63	−0.92	0.16
真菌	−0.704 **	0.81	−0.94	−0.58	0.65
放线菌	−0.599	0.59	−0.79	−0.81 *	0.37
MBC	−0.927 **	0.68	−0.85	−0.73	0.48
MBN	−0.877 *	0.85	−0.96	−0.52	0.70
土壤呼吸	−0.794	0.75	−0.90	−0.867 *	0.56
微生物代谢熵	−0.68	0.97 **	−0.970 *	−0.25	0.88 *
β-葡萄糖苷酶	−0.78	0.84	−0.795	−0.55	0.67
酸性磷酸酶	−0.88	0.84	−0.695	−0.54	0.68
芳基硫酸酯酶	−0.91 *	0.80	−0.793	−0.60	0.62
脲酶	0.38	0.63	−0.540	0.77	0.80 *
过氧化氢酶	−0.799	0.56	−0.877 *	−0.83 *	0.34
蔗糖酶	−0.685	0.87	−0.697	−0.50	0.72

注：* ：P＜0.05；** ：P＜0.01。

　　湖泊底泥充填复垦土壤理化性质和生物学指标之间的相关系数分析结果如表 4-3 所示。土壤容重和土壤生物学指标间无明显相关性。土壤紧实度和真菌数量、MBC 含量、微生物代谢熵、蔗糖酶活性间有较强的相关性。土壤含水率和真菌数量、放线菌数量、MBC 含量、MBN 含量、微生物代谢熵、β-葡萄糖苷酶活性、芳基硫酸酯酶活性、过氧化氢酶活性、蔗糖酶相关性较强。土壤电导率和放线菌数量、MBC 含量、MBN 含量、微生物代谢熵、β-葡萄糖苷酶活性、芳基硫酸酯酶活性、过氧化氢酶活性、蔗糖酶活性等生物学指标间有较强的相关性。

表 4-3　　湖泊底泥充填复垦土壤生物学特性和理化指标相关性分析

	土壤容重	紧实度	含水率	pH	电导率
细菌	−0.48	0.68	−0.89	−0.98**	−0.93
真菌	−0.41	0.89*	−0.94*	−0.96*	−0.96*
放线菌	0.02	0.74	−1.00**	−0.74	−0.99**
MBC	−0.39	−0.92*	−0.95*	−0.95*	−0.96*
MBN	0.11	0.81	−0.98*	−0.68	−0.97*
土壤呼吸	−0.47	0.78	−0.91	−0.97**	−0.93
微生物代谢熵	−0.15	0.89*	0.98*	0.65	0.96*
β-葡萄糖苷酶	0.00	0.95*	−.998**	−0.76	−0.99**
酸性磷酸酶	−0.53	0.87	−0.88	−0.99**	−0.91
芳基硫酸酯酶	0.11	0.81	−0.98*	−0.68	−0.97*
脲酶	0.33	0.80	−0.92	−0.50	−0.90
过氧化氢酶	−0.04	0.86	−1.000**	−0.78	−1.00**
蔗糖酶	−0.12	0.98*	−0.999*	−0.83	−1.000**

注：*:P<0.05；**:P<0.01。

从表 4-1、表 4-2 和表 4-3 中可以看出，复垦土壤细菌数量主要受土壤 pH 值影响。土壤真菌数量主要和土壤含水率、土壤容重、pH 值、电导率相关性较强。土壤放线菌数量主要和土壤容重、紧实度、pH、含水率、电导率间有较强的相关性。微生物量碳含量和 pH 值、土壤容重、紧实度、含水率、电导率相关性较强。微生物氮含量和土壤容重、含水率、电导率间有较强的相关性。土壤呼吸速率和含水率、pH 值相关性较强。土壤微生物代谢熵和紧实度、含水率、电导率等指标的相关性较强。β-葡萄糖苷酶活性和土壤含水率、紧实度、电导率等指标的相关性较强。土壤磷酸酶活性仅和 pH 值间的相关性较强。土壤芳基硫酸酯酶活性受容重、紧实度、含水率和电导率的影响。土壤脲酶活性与 pH 值、电导率有一定的相关性。土壤过氧化氢酶活性受含水率和 pH 的影响较大。土壤蔗糖酶活性和紧实度、含水率、电导率都有关系。

从不同充填物料复垦土壤理化性质和土壤生物学指标间相关性分析还可以看出,不同复垦材料因性质差异,起影响因素的环境要素也各不相同。煤矸石颗粒大、保水性能差、风化产物呈弱酸性,因此表现出土壤容重、紧实度和 pH 值对土壤生物学指标影响较大。粉煤灰颗粒小、风化产物呈弱碱性,因此表现出土壤容重和 pH 值对土壤生物学指标影响较大。湖泊底泥含水率高、盐分多,因此表现出土壤含水率和电导率是影响复垦土壤生物学指标的主要因素。

4.4.2 复垦土壤生物学指标和土壤养分指标相关性分析

煤矸石复垦土壤养分指标和生物学指标之间的相关系数分析结果如表 4-4 所示。从表中结果可以看出,复垦土壤有机质含量和细菌数量、MBC 含量、土壤呼吸、过氧化氢酶活性、蔗糖酶活性之间相关性较强。土壤总氮含量和真菌数量、MBN 含量、β-葡萄糖苷酶活性、过氧化氢酶活性相关性较强。土壤速效磷含量与MBC 含量、土壤呼吸速率、酸性磷酸酶活性间有较强的相关性。土壤速效钾含量和真菌数量、MBC 含量、土壤呼吸、过氧化氢酶活性间有着较强的相关性。

表 4-4　煤矸石充填复垦土壤生物学特性和养分指标相关性分析

	有机质	总氮	速效磷	速效钾
细菌	0.92*	0.89	0.78	0.82
真菌	0.91	0.98*	0.91	0.91*
放线菌	0.86	0.95	0.85	0.86
MBC	0.95**	0.86	0.98**	0.93**
MBN	0.82	0.92*	0.81	0.82

	有机质	总氮	速效磷	速效钾
土壤呼吸	0.96*	0.99**	0.96*	0.96*
微生物代谢熵	−0.06	0.15	−0.07	−0.06
β-葡萄糖苷酶	0.81	0.91*	0.80	0.81
酸性磷酸酶	0.90	0.97	0.90*	0.90
芳基硫酸酯酶	0.79	0.90	0.79	0.79
脲酶	0.72	0.85	0.71	0.72
过氧化氢酶	−0.98**	−1.00**	−0.77	−0.98**
蔗糖酶	0.92*	0.98	0.81	0.92

注：* ：P＜0.05；** LP＜0.01。

粉煤灰充填复垦土壤养分和生物学指标之间的相关系数分析结果如表 4-5 所示。从表中结果可以看出，复垦土壤有机质含量和放线菌数量、MBC 含量、过氧化氢酶活性等指标之间相关性较强。土壤总氮含量和除细菌数量外的生物学指标间无明显相关性。土壤速效磷含量与细菌数量、放线菌数量、过氧化氢酶活性等指标有较强的相关性。土壤速效磷含量和 MBC 含量、土壤呼吸速率、酸性磷酸酶活性相关性较强。土壤速效钾含量和放线菌数量间有着较强的相关性。

表 4-5　　粉煤灰充填复垦土壤生物学特性和养分指标相关性分析

	有机质	总氮	速效磷	速效钾
细菌	0.97	0.95*	1.00**	0.78
真菌	0.96	0.65	0.86	0.81
放线菌	0.96*	0.86	0.98*	0.95*
MBC	0.97*	0.79	0.95	0.91
MBN	0.94	0.60	0.82	0.77

	有机质	总氮	速效磷	速效钾
土壤呼吸	0.99	0.73	0.91	0.87
微生物代谢熵	0.80	0.34	0.63	0.55
β-葡萄糖苷酶	0.95	0.62	0.84	0.79
酸性磷酸酶	0.95	0.62	0.84	0.78
芳基硫酸酯酶	0.97	0.67	0.88	0.83
脲酶	−0.21	−0.71	−0.45	−0.53
过氧化氢酶	0.99*	0.87	0.98*	0.96
蔗糖酶	0.93	0.58	0.81	0.75

注：* : $P<0.05$ ；** : $P<0.01$

湖泊底泥充填复垦土壤理化性质和生物学指标之间的相关系数分析结果如表 4-6 所示。土壤有机质和放线菌数量、MBC 含量、MBN 含量、微生物代谢熵、β-葡萄糖苷酶活性、芳基硫酸酯酶活性、过氧化氢酶活性、蔗糖酶活性间有较强的相关性。土壤总氮含量和放线菌数量、蔗糖酶相关性较强。土壤速效磷含量和真菌数量、MBC 含量、过氧化氢酶活性等生物学指标间有较强的相关性。土壤速效钾含量和生物学指标间无明显相关性。

表 4-6　　　　湖泊底泥充填复垦土壤生物学特性
和养分指标间相关性分析

	有机质	总氮	速效磷	速效钾
细菌	0.79	0.93	0.97	0.50
真菌	0.92	0.96	0.98**	0.43
放线菌	0.99**	0.98*	0.95	0.004
MBC	0.94*	0.97	0.99**	0.40
MBN	0.98**	0.96	0.93	−0.08

	有机质	总氮	速效磷	速效钾
土壤呼吸	0.90	0.94	0.97	0.49
微生物代谢熵	−0.98**	−0.95	−0.91	0.13
β-葡萄糖苷酶	0.99**	0.98	0.96	0.026
酸性磷酸酶	0.87*	0.91	0.95	0.54
芳基硫酸酯酶	0.98*	0.96	0.93	−0.085
脲酶	0.93	0.88	0.82	−0.30
过氧化氢酶	1.00**	0.99	0.97**	0.067
蔗糖酶	0.99*	1.00*	0.98	0.14

注：*：$P<0.05$；**：$P<0.01$

从表 4-4、表 4-5 和表 4-6 中可以看出，复垦土壤细菌数量主要受土壤有机质含量的影响较大。土壤真菌数量主要受总氮含量和速效钾含量的影响较大。土壤放线菌数量和有机质含量、总氮含量间有较强的相关性。土壤微生物量碳含量和有机质含量、速效磷含量、速效钾含量等指标间相关性较强。土壤微生物氮含量和有机质含量、总氮含量间有较强的相关性。土壤呼吸速率和有机质含量、总氮含量、速效钾含量、速效磷含量都有较强的相关性。土壤微生物代谢熵和有机质间的相关性较强。β-葡萄糖苷酶活性和有机质含量、总氮含量间的相关性较强。土壤磷酸酶活性和有机质含量、速效磷含量间的相关性较强。土壤芳基硫酸酯酶活性仅受有机质含量影响较大。土壤过氧化氢酶活性和有机质含量、速效磷含量、速效钾、速效磷含量间都有关系。

从不同充填物料复垦土壤养分性质和土壤生物学指标间相关性分析还可以看出，不同养分对复垦土壤生物学指标影响不同，有机质是影响复垦土壤生物学指标的主要因素。

4.4.3　复垦生物土壤学指标和土壤重金属含量相关性分析

1. 不同充填物料复垦土壤重金属污染评价

研究表明,工业废弃物煤矸石、粉煤灰中含有多种重金属,如As、Cd、Cr、Pb 等。湖泊底泥中由于水中的重金属沉降作用、吸附效应有也可能导致重金属含量超标。使用煤矸石、粉煤灰和湖泊底泥复垦采煤塌陷区一方面能大量增加矿区土地面积,但也带来了潜在生态风险。如充填物料中的重金属有可能进入到复垦场地表层土壤,通过植物的吸收进入到食物链和食物网中,进而影响人类健康。因此需要对复垦场地中的重金属潜在生态风险进行评价,本书对三种充填物料复垦形成的农田土壤中重金属环境效应进行评价,分析其潜在生态风险指数。不同物料充填复垦土壤重金属含量测量值见表 4-7。

表 4-7　　不同物料充填复垦土壤重金属含量($mg \cdot kg^{-1}$)

	As		Cd		Cr	
	SD	mean	SD	mean	SD	mean
对照土壤	14.99	1.60	5.09	1.29	104.02	17.47
煤矸石充填复垦土壤	14.58	1.297	3.69	1.12	99.72	9.68
粉煤灰充填复垦土壤	6.96	1.35	2.41	0.588	62.55	13.07
湖泊底泥复垦土壤	9.29	1.57	0.03	0.007	61.65	10.48
	Cu		Pb		Zn	
	SD	mean	SD	mean	SD	mean
对照土壤	81.08	12.75	58.86	7.91	138.89	25.17
煤矸石充填复垦土壤	82.07	8.93	59.32	5.03	178.58	66.23
粉煤灰充填复垦土壤	41.72	3.19	34.72	4.39	66.93	34.84
湖泊底泥复垦土壤	33.76	2.50	41.79	4.497	79.38	41.42

不同物料充填复垦土壤重金属污染情况依据中国土壤重金属环境质量标准(GB 15618—1995)二级标准计算出来的单因子污染指数和综合指数如表4-8所示。

表 4-8　　　　　煤矸石复垦农田土壤重金属污染指数

	单因子污染指数						综合指数
	As	Cd	Cr	Cu	Pb	Zn	
对照土壤	0.6	6.36	0.42	0.81	0.74	0.46	4.63
煤矸石充填复垦土壤	0.58	4.62	0.4	0.82	0.74	0.6	0.96
粉煤灰充填复垦土壤	0.28	3.02	0.25	0.42	0.43	0.22	0.58
底泥复垦土壤	0.37	0.04	0.25	0.34	0.52	0.26	0.21

从表4-8的土壤重金属单因子污染指数计算结果可知,对照土壤和煤矸石充填复垦土壤镉污染指数分别是 6.36 和 4.62,均处于污染状态。粉煤灰充填复垦土壤重金属镉单因子评价结果表明,粉煤灰复垦土壤中镉单因子污染指数(3.02)在重度污染和中污染之间,值得警惕。湖泊底泥充填复垦土壤所有土壤重金属单因子评价均处于清洁状态。根据综合指数计算结果分析,对照土壤和煤矸石充填复垦土壤存在污染情况,污染等级从警戒状态到重污染状态不等。土壤污染综合指数计算结果揭示粉煤灰充填复垦土壤和湖泊底泥充填复垦土壤污染指数较低,土壤污染等级均在安全状态。通过分析对照土壤和煤矸石充填复垦土壤中的几种重金属含量可知,造成土壤重金属污染的主要因素在于重金属镉超标。

对照土壤、煤矸石充填复垦土壤、粉煤灰充填复垦土壤和湖泊底泥充填复垦土壤重金属潜在生态危害系数计算结果见表4-9。从计算结果可知,在六种土壤重金属中,重金属 Cd 的潜在生态危害系数最高,对照农田、煤矸石复垦农田和粉煤灰复垦农田土壤中

Cd 的生态危害系数均超过了 500。根据查 Hakanson 潜在生态危害分级标准可知,对照土壤、煤矸石充填复垦土壤和粉煤灰充填复垦土壤中镉的潜在生态危害指数均处于极强状态,其他重金属潜在生态危害均处于轻微状态。与对照土壤、煤矸石充填复垦土壤和粉煤灰充填复垦土壤不同,湖泊底泥复垦土壤几种重金属潜在生态危害系数均小于 40,表明其土壤中重金属危害处于轻微状态。

表 4-9　　　　　**潜在生态危害系数和危害指数**

	潜在生态危害系数 E_r^i						潜在生态危害指数 RI
	AS	Cd	Cr	Cu	Pb	Zn	
对照土壤	14.99	1173.85	2.67	18.18	11.23	2.22	1223.15
煤矸石充填复垦土壤	14.576	852.00	2.56	18.40	11.32	2.85	901.71
粉煤灰充填复垦土壤	6.96	556.92	1.61	9.35	6.63	1.07	582.54
底泥复垦土壤	9.29	6.92	1.58	7.57	7.98	1.27	34.61

从表 4-9 潜在生态危害指数(RI)计算结果来看,研究区域四种土壤重金属潜在生态危害指数 RI 按从大到小顺序依次是:对照土壤＞煤矸石充填复垦土壤＞粉煤灰充填复垦土壤＞湖泊底泥充填复垦土壤。经对照 Hakanson 潜在生态危害分级标准可知,对照土壤和煤矸石充填复垦土壤潜在生态危害处于极强状态,粉煤灰充填复垦土壤潜在生态危害处于很强状态,湖泊底泥充填复垦土壤潜在生态危害均处于轻微状态。

2. 不同充填物料复垦土壤生物学指标和重金属含量相关性分析

煤矸石充填复垦土壤重金属含量和生物学指标之间的相关性分析结果如表 4-10 所示。分析结果表明 Cd 含量和脲酶活性之间存在相关性,Cu 和微生物代谢熵之间存在相关外,大部分重金属含量和土壤生物学特性之间无相关性。

表 4-10   煤矸石充填复垦土壤生物学指标和重金属间相关性分析

	As	Cd	Cr	Cu	Pb	Zn
细菌	−0.67	−0.75	0.09	0.02	0.81	−0.53
真菌	−0.53	−0.63	−0.25	−0.31	0.56	−0.22
放线菌	−0.76	−0.67	−0.36	−0.42	0.46	−0.10
MBC	−0.82	−0.65	0.23	0.17	0.89	−0.65
MBN	−0.71	−0.78	−0.43	−0.48	0.40	−0.03
土壤呼吸	−0.80	−0.87	−0.12	−0.18	0.67	−0.35
微生物代谢熵	0.22	−0.68	−0.79	−0.98*	−0.57	0.83
β-葡萄糖苷酶	−0.70	−0.79	−0.44	−0.50	0.38	−0.01
酸性磷酸酶	−0.82	−0.94	−0.27	−0.33	0.55	−0.20
芳基硫酸酯酶	−0.69	−0.89	−0.46	−0.52	0.36	0.01
脲酶	−0.60	−0.95*	−0.56	−0.61	0.25	0.12
过氧化氢酶	0.93	0.84	0.05	0.11	−0.72	0.41
蔗糖酶	−0.84	−0.92	−0.24	−0.30	0.58	−0.23

注：* :$P<0.05$；** :$P<0.01$

　　粉煤灰充填复垦土壤重金属含量和生物学指标之间的相关系数分析结果如表 4-11 所示。分析结果表明除 Cd 含量和脲酶活性之间存在较强的相关性，其余重金属含量和土壤生物学特性之间无显著相关性。

表 4-11   粉煤灰充填复垦土壤生物学指标和重金属间相关性分析

	As	Cd	Cr	Cu	Pb	Zn
细菌	−0.58	0.64	−0.24	−0.63	−0.44	−0.004
真菌	−0.075	0.15	0.29	−0.14	−0.84	0.51

	As	Cd	Cr	Cu	Pb	Zn
放线菌	−0.39	0.46	−0.025	−0.44	−0.63	0.21
MBC	−0.27	0.35	0.094	−0.33	−0.71	0.32
MBN	−0.005	0.085	0.36	−0.069	−0.87	0.56
土壤呼吸	−0.19	0.26	0.18	−0.25	−0.77	0.41
微生物代谢熵	0.29	−0.21	0.61	0.22	−0.97	0.78
β-葡萄糖苷酶	−0.038	0.12	0.33	−0.10	−0.85	0.54
酸性磷酸酶	−0.030	0.11	0.34	−0.094	−0.86	0.54
芳基硫酸酯酶	−0.10	0.18	0.27	−0.17	−0.82	0.48
脲酶	0.72	−0.97*	0.87	0.97	−0.59	0.89
过氧化氢酶	−0.42	0.49	−0.056	−0.47	−0.60	0.18
蔗糖酶	0.021	0.059	0.38	−0.043	−0.88	0.58

注:*:$P<0.05$;**:$P<0.01$

　　湖泊底泥充填复垦土壤重金属含量和生物学指标之间的相关系数分析结果如表 4-12 所示。分析结果表明重金属 Cr 含量和细菌数量、土壤呼吸速率、酸性磷酸酶活性、过氧化氢酶活性等指标间存在较强的相关性,Pb 仅和蔗糖酶活性间存在相关性。Zn 和放线菌数量、β-葡萄糖苷酶、过氧化氢酶活性等指标间存在相关性。

表 4-12　　粉煤灰充填复垦土壤生物学指标和重金属和之间相关性

	As	Cd	Cr	Cu	Pb	Zn
细菌	−0.77	0.78	−0.98**	−0.95	0.84	0.87
真菌	−0.79	0.85	−0.97*	−0.92	0.86	0.90
放线菌	−0.95	0.74	−0.870	−0.66	0.78	0.99**
MBC	−0.93	0.95	−0.85	−0.91	0.87	0.91

	As	Cd	Cr	Cu	Pb	Zn
MBN	−0.92	0.79	−0.82	−0.59	0.86	0.99
土壤呼吸	−0.78	0.95	−0.97 **	−0.94	0.94	0.87
微生物代谢熵	0.71	−0.64	0.79	0.56	−0.75	−0.90
β-葡萄糖苷酶	−0.96	0.757	−0.88	−0.68	0.88	0.98 **
酸性磷酸酶	−0.61	0.88	−0.98 *	−0.96	0.92	0.84
芳基硫酸酯酶	−0.92	0.68	−0.82	−0.59	0.96	0.95
脲酶	−0.81	0.50	−0.67	−0.41	0.79	0.94
过氧化氢酶	−0.97	0.78	−0.89	−0.71	0.93	0.99 *
蔗糖酶	−0.87	0.82	−0.93	−0.76	0.99 *	0.92

注：$*$：$P<0.05$；$**$：$P<0.01$

从表 4-10、表 4-11 和表 4-12 中可以看出，不同充填物料复垦土壤中大多数重金属含量和生物学指标相关性不强。仅 Cd、Cr、Zn、Cu 与复垦土壤中部分生物学指标间存在相关性。

4.5 不同充填物料复垦土壤质量评价

4.5.1 基于全量数据集计算复垦土壤质量指数

1. 复垦土壤数据标准化处理

使用 spss 18.0 对不同物料充填复垦土壤数据采用 z 标准化处理，即均值为 0，方差为 1。z 标准化处理基于原始数据的均值（mean）和标准差（standard deviation，SD）进行数据的标准化。煤矸石充填复垦土壤、粉煤灰充填土壤和湖泊底泥土壤数据标准化结果见表 4-13。

表 4-13　　　不同物料充填复垦土壤数据标准化值

	对照土壤	煤矸石充填 复垦土壤	粉煤灰充填 复垦土壤	湖泊底泥充填 复垦土壤
紧实度	−0.31	−0.67	−0.76	−0.57
含水率	−0.02	−0.61	0.13	0.31
有机质	2.87	1.85	−0.93	0.72
总氮	2.12	3.06	−0.04	−0.53
速效磷	1.78	0.34	0.42	3.16
速效钾	2.85	0.81	−0.15	0.54
pH	0.13	−0.17	0.45	0.34
电导率	−0.9	−0.73	−0.23	−0.98
细菌	1.36	0.61	0.24	1.55
真菌	1.92	0.78	0.45	3.00
放线菌	0.92	0.48	0.36	1.22
MBC	0.89	−0.15	0.05	1.82
MBN	0.06	−0.19	−0.06	0.07
土壤基础呼吸	1.74	1.74	1.01	2.84
微生物代谢熵	0.2	1.41	0.47	0.17
β-葡萄糖苷酶	1.84	1.58	1.44	1.98
酸性磷酸酶	1.6	1.99	0.07	1.88
芳基硫酸酯酶	0.27	0.04	−0.05	0.15
脲酶	−0.64	−0.64	−0.64	−0.64
过氧化氢酶	1.22	1.15	0.63	1.29
蔗糖酶	−0.57	−0.65	−0.68	−0.56

2. 复垦土壤数据权重计算

利用因子得分系数矩阵分析不同物料充填复垦土壤参数各项指标相对于土壤功能的权重值计算结果如表 4-14 所示。

表 4-14 土壤质量参数载荷矩阵、各因子公因子方差(共同度)及权重

	主成分		共同度	权重
	因子 1	因子 2		
土壤容重	0.83	−0.29	0.942	0.051
紧实度	0.74	0.27	0.935	0.046
含水率	0.39	−0.91	0.947	0.024
有机质	0.54	0.77	0.950	0.033
总氮	−0.14	0.97	0.873	0.009
速效磷	0.93	−0.35	0.996	0.057
速效钾	0.54	0.48	0.955	0.033
pH	0.01	−0.99	0.941	0.001
电导率	−0.92	−0.36	0.964	0.057
细菌	1.00	0.01	0.968	0.062
真菌	0.97	−0.21	0.947	0.060
放线菌	0.98	−0.17	0.949	0.061
MBC	0.91	−0.41	0.961	0.056
MBN	0.76	−0.54	0.935	0.047
土壤基础呼吸	0.87	−0.02	0.891	0.054
微生物代谢熵	−0.54	0.72	0.804	0.034
β-葡萄糖苷酶	1.00	−0.06	0.960	0.062
酸性磷酸酶	0.68	0.65	0.933	0.042
芳基硫酸酯酶	0.87	0.22	0.934	0.054
脲酶	0.68	0.59	0.951	0.042
过氧化氢酶	0.86	0.48	0.980	0.053
蔗糖酶	0.99	0.04	0.984	0.062
特征值	13.446	6.10		
百分率%	61.12	27.72		
累计百分率%	61.12	88.84		

在因子分析中，一般特征值高于 1 的主成分能表征更多的总变异性，所以只有特征值高于 1 的主成分才能得以保留。按照此筛选标准，表 4-14 分析结果中主成分因子 1、主成分 2 因其特征值大于 1 而得以保留，而根据累计百分率来看，前两个主成分累计百分率为 88.84%，大于 85%，因此认为前两个主成分因子所包含的的信息能够表征复垦土壤信息。

3. 复垦土壤数据隶属度值计算

根据公式(3-23)、(3-24)、(3-25)对不同物料充填复垦土壤参数指标隶属度值计算结果见表 4-15。

表 4-15 不同物料充填复垦土壤指标隶属度值

	对照土壤	煤矸石充填复垦土壤	粉煤灰充填复垦土壤	湖泊底泥充填复垦土壤
土壤容重	0.67	0.90	1.00	0.31
紧实度	0.17	0.85	0.88	0.82
含水率	0.15	0.15	0.29	0.33
有机质	0.91	1.00	0.04	0.61
总氮	0.51	1.00	0.24	0.12
速效磷	0.43	0.29	0.31	1.00
速效钾	0.98	1.00	0.48	0.86
pH	0.94	0.93	0.33	0.43
电导率	0.87	0.95	0.79	1.00
细菌	0.84	0.57	0.44	0.90
真菌	0.54	0.43	0.34	1.00
放线菌	0.73	0.59	0.55	0.80
MBC	0.73	0.31	0.38	1.00
MBN	0.58	0.21	0.26	0.31
土壤基础呼吸	0.71	0.28	0.19	0.41

	对照土壤	煤矸石充填 复垦土壤	粉煤灰充填 复垦土壤	湖泊底泥充填 复垦土壤
微生物代谢熵	0.98	0.38	0.62	0.70
β-葡萄糖苷酶	0.66	0.85	0.81	1.00
酸性磷酸酶	0.71	1.00	0.38	0.96
芳基硫酸酯酶	0.80	0.41	0.37	0.46
脲酶	0.19	0.14	0.16	0.18
过氧化氢酶	0.30	0.05	0.26	0.26
蔗糖酶	0.91	0.05	0.04	0.90

4. 复垦场地土壤综合评价结果

根据土壤综合质量指数模型计算煤矸石充填复垦土壤、粉煤灰充填复垦土壤和湖泊底泥复垦土壤质量指数计算结果见表4-16：

表 4-16　　　　　复垦场地土壤质量指数

	对照土壤	煤矸石 充填复垦	粉煤灰 充填复垦	湖泊底泥 复垦场地
土壤质量指数(SQI)	0.65	0.52	0.44	0.64

表4-16揭示了不同物料充填复垦土壤质量指数。从表中可以看出，复垦土壤 SQI 指数从高到低依次是对照土壤、湖泊底泥充填复垦土壤、煤矸石充填复垦土壤和粉煤灰充填复垦土壤。

4.5.2　基于最小数据集计算不同充填物料复垦土壤质量指数

本研究基于全数量数据集分析的基础上，筛选土壤紧实度、pH 值、电导率、有机质、MBC、MBN、微生物代谢熵、芳基硫酸酯酶、脲酶、过氧化氢酶和蔗糖酶的 11 个土壤参数指标，分别表征土壤物理化学特征、土壤微生物特征、土壤代谢特征和土壤酶学特征来计算复垦土壤质量综合指数,评价煤矸石、粉煤灰和湖泊底泥对充填复垦土壤质量的影响。使用 SPSS18.0 对所选取的 11 个土壤质量评价指标进行主成分分析,计算权重、隶属度值等指标。

1. 基于最小数据集复垦土壤质量因子权重分析

通过对不同物料充填复垦土壤质量 11 个评价指标进行因子分析,分析结果见表 4-17。从表中分析结果可知,当不同物料充填复垦土壤参数主成分数量等于 2 时,累积贡献率已经达到91.38%,大于 85%。我们认为前 2 个主成分所包含的信息可以代表复垦土壤信息。由于各土壤质量评价指标的重要性不同,故可用权重系数来表示各指标的重要程度。利用主成分的因子载荷量来确定不同物料充填复垦土壤各指标的权重,避免人为因素对评价因子权重的影响。不同物料充填复垦土壤 11 个土壤参数指标权重值见表 4-17。

表 4-17　　　　土壤质量参数载荷矩阵、各因子
公因子方差(共同度)及权重

	主成分		共同度	权重
	因子 1	因子 2		
紧实度	0.87	0.04	0.75	0.11
有机质	0.74	−0.55	0.85	0.09
pH	−0.18	0.98	0.99	0.02
电导率	−0.95	0.22	0.95	0.12
MBC	0.77	0.51	0.85	0.09
MBN	0.67	0.74	1.00	0.08
微生物代谢熵	−0.44	−0.89	0.99	0.05
芳基硫酸酯酶	0.95	0.06	0.92	0.12
脲酶	0.71	−0.56	0.83	0.09

	主成分		共同度	权重
	因子 1	因子 2		
过氧化氢酶	0.91	−0.36	0.95	0.11
蔗糖酶	0.98	0.16	0.99	0.12
特征值	6.67	3.38		
百分率%	60.65	30.73		
累计百分率%	60.65	91.38		

2. 基于最小数据集复垦土壤质量因子隶属度值计算

基于模糊数学理论对不同物料充填复垦土壤参数的 11 个评价指标进行进行隶属度值计算,计算结果见表 4-18。

表 4-18 复垦土壤指标隶属度值

	对照土壤	煤矸石充填复垦土壤	粉煤灰充填复垦土壤	湖泊底泥充填复垦土壤
紧实度	0.17	0.85	0.88	0.82
有机质	0.91	1.00	0.04	0.61
pH	0.94	0.93	0.33	0.43
电导率	0.87	0.95	0.79	1.00
MBC	0.73	0.31	0.38	1.00
MBN	0.58	0.21	0.26	0.31
微生物代谢熵	0.98	0.38	0.62	0.70
芳基硫酸酯酶	0.80	0.41	0.37	0.46
脲酶	0.19	0.14	0.16	0.18
过氧化氢酶	0.30	0.05	0.26	0.26
蔗糖酶	0.91	0.05	0.04	0.90

3. 基于最小数据集土壤质量评价结果

根据公式(3-18)计算出土壤质量综合指数(SQI)见表 4-19。从表中结果可知,采煤沉陷区复垦土壤质量综合指数随恢复年限的增加呈上升趋势。

表 4-19 煤矸石充填复垦土壤质量指数

	对照土壤	煤矸石充填复垦土壤	粉煤灰充填复垦土壤	湖泊底泥充填复垦土壤
土壤质量指数(SQI)	0.64	0.45	0.38	0.61

表 4-19 揭示了基于最小数据集法计算不同物料充填复垦土壤质量指数。从表中可以看出,复垦土壤 SQI 指数从高到低依次是对照土壤、湖泊底泥充填复垦土壤、煤矸石充填复垦土壤和粉煤灰充填复垦土壤。

4.5.3 基于全量数据集和最小数据集计算的土壤质量指数比较

对基于全量数据集和基于最小数据集计算的土壤质量指标结果进行比较,以验证最小数据集所筛选的 11 个土壤质量评价指标体系在土地复垦过程中应用的准确性。从图 3-17 可看出,基于全量数据集和基于最小数据集计算的土壤质量指标结果变化趋势一致。复垦土壤 SQI 指数从高到低依次是对照土壤、湖泊底泥充填复垦土壤、煤矸石充填复垦土壤和粉煤灰充填复垦土壤,两种方法评价结果差异较小。结合第三章分析结果,即复垦时间越长、土壤生物学活性越高,两种评价方法计算的结果间差异越小。本研究认为最小数据集计算的土壤质量指数能表征复垦土壤质量情况。

从对不同物料充填复垦土壤指标权重值分析来看,无论在全量数据集中还是在最小数据集中生物学指标均表现出较高的权重值,表明土壤生物学特性指标在土壤质量评价中占有重要地位,是复垦土壤综合质量指数改变最主要的驱动力。从图 4-11 可以看出,对照场地和底泥充填复垦土壤两种评价方式计算的 SQI 差异较小,而煤矸石充填复垦和粉煤灰充填复垦两种评价方式计算 SQI 差异较大。分析出现差异的原因主要由于煤矸石和粉煤灰对复垦土壤生物指标学的胁迫较大,而对照土壤、湖泊底泥复垦土壤对土壤生物学指标胁迫作用较小造成。因此,在评价指标选取过程中加大生物学指标所占比例,能够更加敏感的反映出环境要素对土壤生态功能的影响,真实反映复垦土壤质量和健康程度。

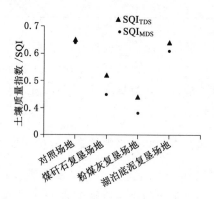

图 4-14　两种方法计算复垦土壤综合指数结果比较

4.6　讨论

国内外研究表明,煤矸石、粉煤灰、河流(湖泊)底泥对土壤物理、化学、生物学性质和重金属含量影响是长期的、渐进的过程。目前对利用粉煤灰改良土壤性质研究较多,而对煤矸石和(河流、湖泊)底泥对复垦场地土壤性质的研究则较少。

粉煤灰为煤炭在高温燃烧(400 ℃～1 500 ℃)后的产物,平均直径<10 μm,容重变化范围为1～1.8 g·cm³,pH 值与煤炭成分

有关,一般为碱性,但偶尔也呈现酸性[154]。粉煤灰中含有多种金属和非金属成分,如 Si、Fe、Ca、Mg、Na、K、As、Hg、Pb、Zn 和 Hg 等[155]。国外研究表明,矿区土壤尤其是有色金属矿区土壤含有较高酸离子,从而导致土壤 pH 过低,土壤结构出现板结,土壤紧实度增大。碱性粉煤灰因具有较大缓冲容量,能够有效的提高酸性土壤的 pH 值,改善土壤结构,通常可用来改善矿区土壤属性[156,157]。碱性粉煤灰在土壤环境中能够解离出 S、B、Mo 等元素,一方面能增加土壤电导率,另一方面也能够为植物生长提供微量元素[30,158,159]。Fail 和 Fisher 等人的实验表明,当在土壤中加入适量的粉煤灰时,能够改善土壤黏性,降低土壤容重,减少土壤紧实度,提高土壤孔隙度,并增强土壤保水保墒的能力[160,161]。由于粉煤灰是煤炭燃烧后的产物,其中的有机质、氮、磷、钾含量极低,不能直接为土壤提供养分,但由于粉煤灰的晶体结构,通常在土壤中以吸附剂成分存在。粉煤灰对土壤微生物活性和土壤酶学性质的影响研究较少。已有研究表明,少量未风化的粉煤灰能增加土壤微生物和土壤酶学性质,而过多的加入粉煤灰则抑制土壤微生物呼吸和土壤酶活性、降低土壤中氮素循环过程[162]。

煤矸石是煤炭开采的副产品,根据来源可以分为掘进矸石和洗选矸石。在做好隔离层(防渗层)基础上,利用煤矸石作为采煤沉陷区充填介质有多种益处。首先能节约复垦成本,其次减少煤矸石的存储量,最后还能减少煤矸石露天堆放带来的环境污染。相比自然土壤,煤矸石属于非成土物质,往往有较低的 pH 值、缺乏必要的营养元素、保水保墒能力差。对煤矸石堆放场所研究表明,煤矸石及其渗滤液往往导致矿区土壤有较低的 pH 值、较高的电导率、微生物种群及数量减少、土壤酶活性处于较低水平等。

为了清理航道(湖泊)、扩大库容,对河流(湖泊)底泥必须定期进行疏浚。但对于疏浚后的底泥如何处理是比较困难的。国内对疏浚后的底泥处理,大多用来作为肥料使用或者填埋处理。本研究中利用底泥作为充填介质来修复采煤沉陷区,能够取得一举两得效果。研究表明,底泥使用后能够改善土壤物理的性状,如增加含水率、减少土壤容重、增加土壤孔隙度等[163]。此外,底泥含有大量的有机质、氮、磷,施用后能够满足作物对营养物质的需求。同时底泥含有大量的微生物,能够增加土壤微生物数量。本研究的结果也证明了在三种充填物质中,湖泊底泥复垦采煤沉陷区能够改变复垦场地土壤生物学特性,如增加土壤微生物数量和土壤酶活性等。但也有研究表明,底泥中的微生物能够影响土壤中原有的土著微生物,使得土壤为生物多样性发生改变[164]。

从环境保护和土壤健康角度出发,尽管煤矸石、粉煤灰、湖泊底泥复垦能有效的减少采煤沉陷区面积,增加耕地面积,缓解华东地区人地矛盾,但是带来的土壤健康风险也值得关注。分析表明,煤矸石、粉煤灰和湖泊底泥中含有多种重金属,如 Cd、Cu 、Pb、As、Cr 等均可对土壤环境带来健康风险[119,165]。研究表明,煤矸石、粉煤灰中重金属在土壤中价态可能会发生改变,进而影响土壤 pH 值、水分、阳离子交换容量,抑制土壤微生物活性,减少土壤微生物量,降低土壤酶活性等[162,166,167]。有毒有害重金属也有可能通过植物吸收进入食物链中,进而危害人类食品安全[31,168-171]。与国外相比,我们研究发现,在足够厚的表土覆盖层(50~100 cm)存在下,充填物料中重金属对土壤的影响可以控制。单因子评价和综合指数分析结果表明,粉煤灰和湖泊底泥充填土壤处于清洁状态,污染程度低于对照场地。依据 Hakanson 潜在生态危害分级标准来看,湖泊底泥复垦场地土壤处于安全状态。尽管煤矸石和粉煤灰复垦场地土壤污染等级处于较强水平,但也均低于对照场地。

与第三章研究结果相比,本章涉及的土壤中,徐州地区煤矸石充填复垦土壤重金属含量均高于邹城地区煤矸石充填复垦土壤。经过分析推测,可能与徐州地区复垦场地土壤种植模式有关。徐州复垦场地种植模式为小麦一水稻轮作,这种种植模式可能有利于充填层(煤矸石)中的有害重金属迁移到土壤表层来。具体结果还有待于进一步对表层土壤重金属来源进行解析。

4.7　小结

本章研究了对照场地、煤矸石复垦场地、粉煤灰复垦场地、湖泊底泥复垦场地 0～10 cm、10～20 cm 和 20～50 cm 土层土壤物理、化学、可培养微生物数量、微生物量、土壤呼吸、微生物代谢熵、土壤酶活性、重金属含量等指标变化特征,结论如下:

① 以对照土壤生物学特征为基准,煤矸石复垦场地、粉煤灰复垦场地和湖泊底泥复垦场地 0～10 cm 土层生物学指标比较结果如下:可培养细菌分别为 67.3%、52.4% 和 104.2%;可培养真菌分别为 64.7%、52.1% 和 149.6%;可培养放线菌为 83.3%、78.5% 和 111.5%;微生物量碳分别为 51.9%、61.1% 和143.1%;微生物量氮分别为 76.8%、88.6% 和 101.2%;土壤呼吸比值分别为 100.1%、73.7% 和 139.8%;微生物代谢熵比较结果为 192.6%、120.5% 和 97.7%;β-葡萄糖苷酶活性比值为 90.1%、85.0% 和 105.2%;酸性磷酸酶活性比值分别为 114.0%、46.2% 和 109.9%;芳基硫酸酯酶活性比值为 81.5%、74.8% 和 90.8%;蔗糖酶活性比值为 70.1%、55.7% 和 103.7%;过氧化氢酶活性比值为 97.4%、77.2% 和 102.5%;脲酶活性比值为 108.7%、78.3% 和 108.7%。

② 以对照土壤生物学特征为基准,煤矸石复垦场地、粉煤灰复垦场地和湖泊底泥复垦场地 10～20 cm 土层生物学指标比较结果如下:可培养细菌分别为 57.5%、44.2% 和 111.2%;可培养真菌分别为 72.6%、76.8% 和 105.2%,可培养放线菌为 69.2%、42.5% 和 102.7%;微生物量碳分别为 39.2%、96.1% 和135.3%;

微生物量氮分别为 94.2％、88.6％和 117.1％;土壤呼吸比值分别为 71.1％、69.7％和 109.1％;微生物代谢熵比较结果为181.3％、72.5％和 66.9％;β-葡萄糖苷酶活性比值为 90.4％、85.4％和 108.2％;酸性磷酸酶活性比值分别为 155.3％、92.1％和 145.2％;芳基硫酸酯酶活性比值为 95.1％、78.5％和 112.1％;蔗糖酶活性比值为 58.7％、62.3％和 100.3％;过氧化氢酶活性比值为 100.4％、70.7％和 100.3％;脲酶活性比值为 104.5％、159.1％和 113.6％。

③ 以对照土壤生物学特征为基准,煤矸石复垦场地、粉煤灰复垦场地和湖泊底泥复垦场地 20～50 cm 土层生物学指标比较结果如下:可培养细菌分别为 39.2％、51.2％和 119.5％;可培养真菌分别为 25.1％、20.7％和 69.5％;可培养放线菌为 89.2％、56.7％和 77.5％;微生物量碳分别为 95.1％、131.1％和205.3％;微生物量氮分别为108.5％、130.6％和 220.7％;土壤呼吸比值分别为 55.4％、49.3％ 和 160.1％;微生物代谢熵比较结果为58.2％、37.6％和 78.4％;β-葡萄糖苷酶活性比值为 55.8％、46.4％和 89.3％;酸性磷酸酶活性比值分别为 22.2％、37.8％和 101.7％;芳基硫酸酯酶活性比值为 81.4％、53.5％和 91.0％;蔗糖酶活性比值为 53.1％、50.6％和 101.9％;过氧化氢酶活性比值为 104.4％、68.8％和 97.2％;脲酶活性比值为 62.5％、83.3％和 91.7％。

④ 不同充填物料复垦场地土壤理化性质和生物学指标之间的相关系数分析结果表明。复垦场地紧实度和真菌、放线菌、MBN、土壤呼吸、β-葡萄糖苷酶活性、酸性磷酸酶活性、芳基硫酸酯酶活性、蔗糖酶活性之间显著相关;土壤有机质、土壤呼吸、酸性磷酸酶活性和过氧化氢酶活性之间显著相关;速效磷、细菌、真菌、放线菌、MBC、MBN、土壤呼吸和蔗糖酶活性之间相关性显著;速效钾和土壤呼吸、酸性磷酸酶活性、过氧化氢酶活性等指标之间显

著相关;电导率和过氧化氢酶活性之间显著相关;除 As 和微生物代谢熵、过氧化氢酶活性之间存在显著相关,Zn 和微生物代谢熵之间存在显著相关性外,大部分重金属含量和土壤生物学特性之间无相关性。

⑤ 基于全量数据集和最小数据集法对不同物料充填复垦土壤质量综合指数(SQI)进行评价,基于两种计算方法的土壤质量指标结果变化趋势一致。复垦土壤 SQI 指数从高到低依次是对照土壤、湖泊底泥充填复垦土壤、煤矸石充填复垦土壤和粉煤灰充填复垦土壤,两种方法评价结果差异较小。通过最小数据集法计算的土壤质量指数不仅能表征复垦土壤质量情况,而且能在一定程度上体现环境要素对土壤功能的影响。

5 利用激发效应改良复垦土壤生物学特性研究

采煤沉陷区复垦场地表层土壤大多来自于客土回填,用于回填的客土中土壤微生物、土壤酶经过剥离、储存、运输等过程后其含量和活性均大幅度降低,严重影响复垦土壤的生态功能,限制了复垦土壤生态系统恢复进程,降低了复垦土壤中植物生长速度和作物产量,因此有必要对复垦土壤质量进行改良。目前提高复垦土壤质量的方法主要有物理、化学、植物和微生物改良等措施。

土壤激发效应(Priming effect,PE)一般指"各种有机物的添加在短期内引起土壤有机质周转的强烈变化"。植物根际分泌物、凋落物分解、死亡的动植物残骸和外源有机小分子碳源的添加等都能引起土壤激发效应,改变土壤中有机质分解和土壤氮转化。土壤激发效应的研究也是环境科学中一个热点问题。土壤激发效应引起的土壤有机质分解和营养元素的周转主要发生在植物根际区域(rhizosphere),该区域也是土壤植物、动物和微生物种群集中的区域。植物根系分泌物作为根际圈微生物主要的物质和能量来源,能够明显地影响土壤中微生物区系特征和土壤酶活性。

本书依据土壤激发效应机理,研究添加小分子碳源、氮源通过激发效应在短期内改变复垦土壤生物学特性,迅速提高土壤微生物量和土壤酶活性的可行性。尽管激发效应属于短期效应,一般只能维持几天或一周时间[172],但如果定期的或经常的应用激发效应可以使土壤生物学指标长期维持在较高水平,从而有效地促进复垦场地土壤生态功能改善和维持较高的生产力。

5.1 煤矸石复垦场地根系分泌物激发效应研究

5.1.1 煤矸石复垦场地冬小麦根系生长特征研究

从图 5-1 可以看出,煤矸石充填层的存在影响了复垦场地冬小麦根长、根生物量和根冠比等生长参数。从图 5-1(a)中可以看出,煤矸石复垦场地冬小麦根长在拔节期、开花期和成熟期分别低于对照场地冬小麦根长 16.18％、23.72％和 27.46％,两种场地间差异显著(P<0.05)。图 5-1(b)结果表明,对照场地和煤矸石充填场地冬小麦根生物量在拔节期无显著差异(P>0.05);煤矸石复垦充填场地开花期和成熟期冬小麦根生物量分别降低了 11.17％和 17.68％,两种场地间差异显著(P<0.05)。图 5-1(c)结果揭示了拔节期、开花期和成熟期时冬小麦地下、地上生物量比

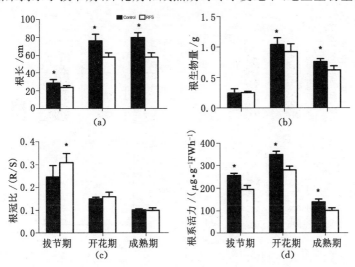

图 5-1 煤矸石复垦土壤冬小麦根系生长特征

值(根冠比)。从图中可以看出,煤矸石复垦场地冬小麦在拔节期根冠比高于对照场地(P＜0.05),开花期、成熟期两种场地冬小麦根冠比间无显著差异(P＞0.05)。健康、有活力的根系有利于作物生长,从图 5-1(d)中可以看出,煤矸石复垦场地冬小麦根系活力显著低于对照场地(P＜0.05)。煤矸石复垦场地冬小麦根系活力在拔节期、开花期和成熟期分别低于对照场地 24.22%,19.63%和 26.97%。

5.1.2 煤矸石复垦场地小麦根系分泌物产生速率研究

植物能通过根系向土壤中输入简单的、小分子的碳源引起激发效应,促进土壤微生物的生长,影响土壤氮元素的周转速率、土壤微生物数量和土壤养分可利用性。图 5-2 结果揭示了两种场地中冬小麦根系分泌物产生速率、根系活力以及二者间的相关性。从图 5-2(a)中可以看出,在拔节期、开花期和成熟期时冬小麦根系

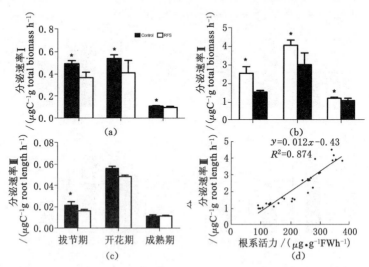

图 5-2 煤矸石复垦土壤冬小麦根系分泌速率

分泌速率Ⅰ在两种场地间差异显著（P＜0.05），煤矸石复垦场地中冬小麦根系分泌速率Ⅰ分别比对照场地低 25.47％,23.71％和 9.95％。冬小麦根系分泌速率Ⅱ在拔节期、开花期和成熟期的分析结果。如图 5-2(b)所示,煤矸石复垦场地冬小麦根系分泌率Ⅱ分别比对照场地低 39.83％、25.81％和 10.84％。图 5-2(c)表明,煤矸石复垦场地冬小麦根系分泌速率Ⅲ在拔节期低于对照场地 23.71％,差异显著(P＜0.05),而开花期和成熟期两种场地冬小麦根系分泌速率Ⅲ无显著差异(P＞0.05)。对冬小麦根系分泌率Ⅲ和根系活力间相关性进行分析[图 5-2(d)],得出拟合方程为(5-1)：

$$RE = 0.012x - 0.43 \tag{5-1}$$

式中　RE——根系分泌物产生速率；

　　　x——根系活力。

对拟合方程进行分析,其拟合优度 R^2 为 0.87,说明此公式能较好的表达出冬小麦根系分泌物产生速率和根系活力间的关系,冬小麦根系分泌率Ⅲ与根系活力成正相关。

5.1.3　煤矸石复垦场地土壤氮素的转化速率研究

土壤中氮元素的矿化作用是指在微生物作用下,土壤有机态氮转化为无机态 NH_4^+ 或 NH_3 的过程。土壤硝化作用是指土壤中氨在微生物作用下氧化为硝酸根(NO_3^-)的过程。土壤中氮素的矿化速率和硝化速率能够表征土壤中可利用氮源产生速度,其速率大小能影响土壤微生物和植物生长。

图 5-3 揭示了煤矸石复垦场地和对照场地冬小麦在拔节期、开花期和成熟期的土壤中氮素矿化速率、硝化速率间差异。由图 5-3(a)中可以看出,煤矸石复垦场地和对照场地中土壤氮矿化率在拔节期无显著差异(P＞0.05)。煤矸石复垦场地土壤在开花期和成熟期的矿化速率(0.33 mg N kg^{-1} day^{-1},0.16 mg N kg^{-1} day^{-1})低于对照场地,二者间差异显著(P＜0.05)。

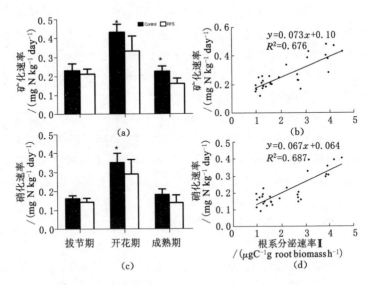

图 5-3 煤矸石复垦土壤氮矿化速率和硝化速率

煤矸石复垦土壤氮素矿化速率和根际分泌物产生速率Ⅱ间相关性分析如图 5-3(b)所示,拟合方程为(5-2):

$$NM = 0.073x + 0.10 \tag{5-2}$$

式中 NM——复垦土壤净矿化速率;

x——根际分泌物产生速率Ⅱ。

分析表明,公式拟合优势度 R^2 为 0.68,能表征二者间关系。煤矸石复垦土壤中氮元素的矿化速率与根际分泌速率成正相关。

从图 5-3(c)中可以看出,冬小麦拔节期和成熟期煤矸石复垦场地和对照场地土壤氮素硝化速率无显著性差异(P>0.05)。冬小麦开花期时煤矸石充填复垦土壤氮素硝化速率(0.29 mg N kg^{-1} day^{-1})低于对照场地 17.14%,差异显著(P<0.05)。图 5-3(d)结果揭示了煤矸石复垦土壤氮素硝化速率和根系分泌速率Ⅱ间的关系,对二者间关系进行线性回归,拟合方程为(5-3):

$$NN=0.067x+0.064 \qquad (5\text{-}3)$$

式中　NN——净硝化速率；

　　　x——冬小麦根际分泌物产生速率Ⅱ。

对公式(5-3)进行分析，其拟合优势度 R^2 为 0.69，表明能反映二者间的关系。从拟合结果还可以看出，土壤硝化速率和根系分泌速率Ⅱ成正相关，

5.1.4　煤矸石复垦场地土壤酶活性研究

土壤脲酶和多酚氧化酶主要功能是分解有机质，释放其中的氮元素，因此这两种土壤酶活力大小能反映了土壤中有机质分解能力和有效氮元素含量情况。

从图 5-4(a)可以看出，冬小麦拔节期土壤多酚氧化酶活性在煤矸石复垦场地和对照场地间无显著差异。在开花期和成熟期时煤矸石充填复垦土壤多酚氧化酶活性分别比对照场地土壤低了22.47%和38.64%。从图 5-4(b)中可以看出土壤多酚氧化酶活性和冬小麦根系分泌速率Ⅱ之间的关系，对其进行线性回归得出拟合方程(5-4)：

$$PO=0.29x+0.10 \qquad (5\text{-}4)$$

式中　PO——复垦土壤多分氧化酶活性；

　　　x——冬小麦根际分泌物产生速率Ⅱ。

公式(5-4)的拟合优势度 R^2 为 0.62，表明复垦土壤中多酚氧化酶活性受冬小麦根系分泌速率影响，二者间成正相关。

图 5-4(c)揭示了冬小麦拔节期、开花期和成熟期土壤脲酶活性受煤矸石充填层影响的研究结果。从图中可以看出，煤矸石充填场地土壤脲酶活性在拔节期、开花期和成熟期分别为比对照土壤低了 23.39%，21.17%和23.18%，两种场地土壤脲酶活性差异显著($P<0.05$)。土壤脲酶活性和冬小麦根际分泌速率Ⅱ间相关性分析结果见图 5-4(d)，对图中拟合曲线进行回归，得出回归方

程(5-5):

$$URE = 0.19x + 0.89 \tag{5-5}$$

式中　URE——复垦土壤脲酶活性；

　　　x——冬小麦根际分泌物产生速率Ⅱ。

分析结果表明,公式拟合优势度 R^2 为 0.57,表明冬小麦根系分泌速率增加有利于土壤脲酶活性的提高。

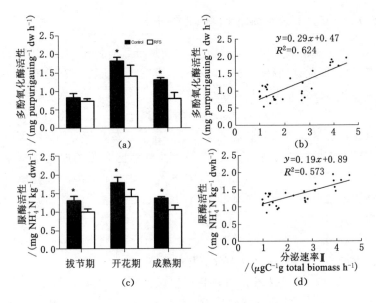

图 5-4　煤矸石复垦土壤多酚氧化酶和脲酶活性

5.2　粉煤灰复垦场地根系分泌物激发效应研究

5.2.1　粉煤灰复垦场地小麦根系生长特征研究

图 5-5 揭示了粉煤灰复垦场地冬小麦在拔节期、开花期、成熟

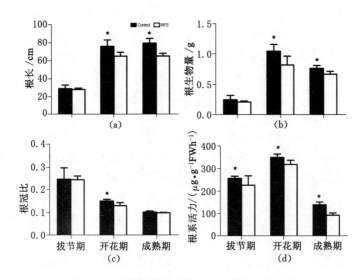

图 5-5 粉煤灰复垦土壤冬小麦根系生长特征

期的根长、根生物量和根冠比等生长参数测定结果。从图 5-5(a) 中可以看出,粉煤灰复垦场地冬小麦根长在拔节期、开花期和成熟期三个生长阶段期间分别低于对照场地冬小麦根长 3.27%、14.37% 和 18.01%,在拔节期两种场地间无显著性差异,在开花期和成熟期两种场地间差异显著(P<0.05)。图 5-1(b)结果表明,对照场地和粉煤灰复垦场地冬小麦根生物量在拔节期、开花期、成熟期冬小麦根生物量分别低于对照场地冬小麦根生物链 14.97%、21.58% 和 12.34%,粉煤灰复垦场地和对照场地间差异显著(P<0.05)。图 5-5(c)结果揭示了拔节期、开花期和成熟期时两种研究场地冬小麦地下、地上生物量比值(根冠比)。从图中可以看出,粉煤灰复垦场地冬小麦在开花期根冠比显著低于对照场地(P<0.05),拔节期、成熟期粉煤灰复垦场地和对照场地冬小麦根冠比间无显著差异(P>0.05)。健康、有活力的根系有利于作物生长,从图 5-1(d)中可以看出,粉煤灰复垦场地冬小麦根系活力显著低于对照场地(P<0.05)。粉煤灰复垦场地冬小麦根系活力在拔节期、开花期和成熟期分别相当于对照场地小麦根系活力的 88.12%,91.06%和 66.88%。

5.2.2　粉煤灰复垦场地小麦根系分泌物产生速率研究

图 5-6 结果揭示了粉煤灰复垦场地和对照场地中拔节期、开花期和成熟期冬小麦根系分泌物产生速率、根系分泌物产生速率和根系活力相关性分析结果。从图 5-6(a)中可以看出,拔节期、开花期和成熟期时冬小麦根系分泌物产生速率Ⅰ在两种场地间差异显著(P<0.05),粉煤灰复垦场地中冬小麦根系分泌物产生速率Ⅰ分别比对照场地低 26.37%,18.35.71%和 15.84%。冬小麦根系分泌物产生速率Ⅱ在拔节期、开花期和成熟期的分析结果如图

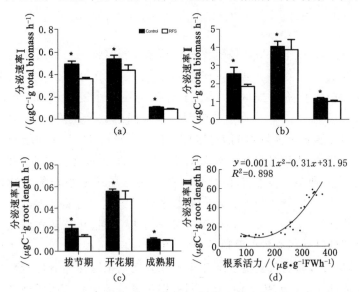

图 5-6　粉煤灰复垦土壤冬小麦根系分泌速率

5-6(b)所示,结果表明粉煤灰复垦场地拔节期、开花期和成熟期的冬小麦根系分泌物产生速率Ⅱ相当于对照场地的 72.77%、95.47%和86.49%。图 5-6(c)表明,粉煤灰复垦场地冬小麦根系分泌物产生速率Ⅲ在拔节期、开花期和成熟期分别低于对照场地34.56%、13.11%和8.10%,差异显著(P<0.05)。

对粉煤灰复垦场地冬小麦根系分泌物产生速率Ⅲ和根系活力的关系进行拟合分析表明,冬小麦根系分泌物产生速率Ⅲ随根系活力增加而增加,对其进行分析,得出回归方程(5-6):

$$RE = 0.001x^2 - 0.31x + 31.95 \tag{5-6}$$

式中　RE——冬小麦根系分泌物产生速率;

　　　x——冬小麦根系活力。

对回归方程进行分析,得出拟合优势度为 R^2 为 0.90,表明冬小麦根系活力和根系分泌物产生速率间成正相关。

5.2.3　粉煤灰复垦场地土壤氮素的转化速率研究

图 5-7 揭示了粉煤灰复垦场地和对照场地冬小麦在拔节期、开花期和成熟期的土壤中氮素矿化速率和硝化速率及与根系分泌速率间的相关性分析结果。由图 5-7(a)中可以看出,粉煤灰复垦场地在拔节期、开花期和成熟期的土壤矿化速率为 0.18 mg N kg^{-1} day^{-1}、0.13 mg N kg^{-1} day^{-1} 和 0.08mg N kg^{-1} day^{-1},分别低于对照场地 21.98%、29.84%和 33.73%,粉煤灰复垦场地和对照场地土壤氮矿化速率差异显著(P<0.05)。

对粉煤灰复垦场地土壤氮矿化速率和根际分泌速率Ⅱ间的关系进行分析[图 5-7(b)],运用回归方程得到拟合公式(5-7):

$$NM = 0.047x + 0.13 \tag{5-7}$$

式中　NM——为复垦土壤净矿化速率;

　　　x——根际分泌物产生速率Ⅱ。

回归方程拟合优势度 R^2 为 0.79,回归方程公式表明粉煤灰

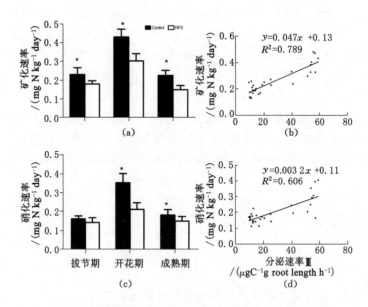

图 5-7　粉煤灰复垦场地土壤氮素矿化速率和硝化速率

复垦场地土壤中氮元素的矿化速率与根系分泌物产生速率成正相关。

从图 5-7(c)中可以看出,在冬小麦拔节期时复垦场地和对照场地土壤氮素硝化速率无显著性差异(P>0.05)。开花期、成熟期时粉煤灰复垦场地土壤氮素硝化速率为 0.21mg N kg^{-1} day^{-1} 和 0.13mg N kg^{-1} day^{-1},分别低于对照场地 39.73% 和 17.23%,差异显著(P<0.05)。图 5-7(d)结果阐明了粉煤灰复垦场地土壤氮素硝化速率和根系分泌物产生速率Ⅱ间的关系。从图中可以看出,粉煤灰复垦场地土壤硝化速率和根系分泌速率Ⅱ成正相关,拟合方程(5-8):

$$NN = 0.0032x + 0.11 \qquad (5-8)$$

式中　NN——复垦土壤净硝化化速率;

x——根际分泌物产生速率Ⅱ。

回归方程拟合优势度 R^2 为 0.61。

5.2.4　粉煤灰复垦场地土壤酶活性研究

图 5-8(a)结果表明,粉煤灰复垦场地和对照场地的冬小麦土壤多酚氧化酶活性在拔节期无显著差异。开花期和成熟期时粉煤灰复垦场地土壤多酚氧化酶活性分别比对照场地土壤低了18.78%和27.59%。图 5-8(b)中对多酚氧化酶活性和冬小麦根系分泌速率Ⅱ的关系进行分析,通过线性回归得到拟合方程(5-9):

$$PO = 0.18x + 0.68 \qquad (5-9)$$

式中　PO——粉煤灰复垦土壤脲酶活性;

x——冬小麦根际分泌物产生速率Ⅱ。

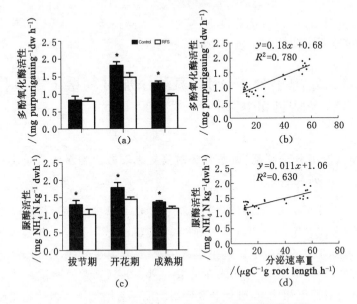

图 5-8　粉煤灰复垦场地土壤多酚氧化酶和脲酶活性

回归方程拟合优势度 R^2 为 0.78，从公式中可以看出粉煤灰复垦场地多酚氧化酶活性受冬小麦根系分泌速率影响，二者间成正相关。

图 5-8(c)揭示了冬小麦拔节期、开花期和成熟期土壤脲酶活性受粉煤灰的影响情况。从图中可以看出，粉煤灰复垦场地土壤脲酶活性在拔节期、开花期和成熟期分别为比对照土壤低了 21.17%，18.99% 和 13.14%，粉煤灰复垦场地和对照场地土壤脲酶活性差异显著($P<0.05$)。复垦场地土壤脲酶活性和冬小麦根系分泌物产生速率Ⅱ间相关性分析结果见图 5-4(d)，对拟合曲线进行分析，得出回归方程(5-10)：

$$URE = 0.011x + 1.06 \qquad (5\text{-}10)$$

式中　　URE——粉煤灰复垦土壤脲酶活性；

　　　　x——冬小麦根际分泌物产生速率Ⅱ。

回归方程拟合优势度 R^2 为 0.63。从图 5-4 中可以看出，冬小麦根系分泌物产生速率增加有利于土壤脲酶活性的提高。

5.3 外源小分子碳源、氮源添加对复垦土壤生物学特性的影响

5.3.1 小分子碳源、氮源添加对复垦土壤微生物量碳含量影响研究

小分子碳源、氮源添加对煤矸石复垦土壤微生物量碳含量的激发效应在第 7 天测试结果如图 5-9 所示，小分子碳源和氮源的加入能通过激发效应影响土壤微生物增殖，其变化情况可以从土壤微生物量碳含量变化体现出来。图 5-9 中 7 天的测试结果表明，与对照组相比，低碳组和高碳组均能显著增加土壤微生物量碳含量，微生物量碳含量分别为 213.29 mg·kg^{-1} 和 382.02 mg·

kg^{-1}。其中高碳组对土壤微生物量碳含量影响更为显著。两种剂量小分子氮源添加后也能通过激发效应增加土壤微生物量碳含量（218.67 mg·kg^{-1}、169.47 mg·kg^{-1}），低浓度小分子氮源的加入对土壤微生物量碳的增加效益更为明显。从图中还可以看出，不同配比添加小分子碳源和氮源对复垦土壤微生物量碳含量均有所增加，其中高碳低氮组对土壤微生物量碳的增加效应显著高于其他三组，低碳低氮组、低碳高氮组和高碳高氮组间差异不显著。

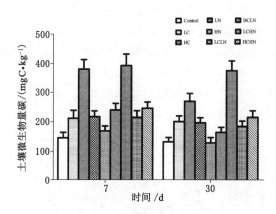

图 5-9　小分子碳源、氮源添加
对复垦土壤微生物量碳含量的影响

小分子碳源、氮源添加后 30 天测试结果表明。小分子碳源的添加能显著提高复垦土壤中微生物量碳的含量，其影响效果与添加剂量成正比。小分子氮源的添加在低剂量下能提高复垦土壤中微生物量碳的含量，高剂量小分子氮源的添加后土壤微生物量碳含量与对照相比无明显差异。小分子碳源、氮源不同配比对土壤微生物量碳影响结果表明，高剂量碳源的添加更有利于复垦土壤微生物量碳的增加。

5.3.2 小分子碳源、氮源添加对复垦土壤微生物量氮含量影响研究

土壤微生物量氮含量小分子碳、氮源添加后第 7 天分析结果如图 5-10 所示。从图中可以看出,低浓度和高浓度小分子有机碳的添加均能通过激发效应显著增加土壤微生物量氮含量。与对照相比,复垦土壤中微生物量氮含量分别增加了 78.1%和 116.5%。单独添加小分子氮源结果表明,低浓度小分子氮源添加能增加复垦土壤中微生物量氮的含量(53.04%),高浓度小分子氮源对土壤微生物量氮含量作用不明显。从图中同样可以看出,小分子碳源对土壤中微生物量氮含量的影响要大于小分子氮源。四种不同配比添加小分子碳源和氮源对复垦土壤微生物量氮含量作用显著,其中高碳低氮组对土壤微生物量氮的增加效应最为显著,其后依次是低碳低氮组、高碳高氮组和低碳高氮组。

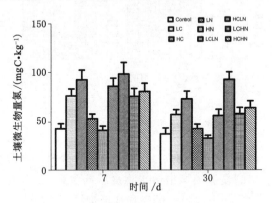

图 5-10   小分子碳源、氮源添加
对复垦土壤微生物量氮含量的影响

第 30 天分析结果表明,复垦场地土壤微生物量氮含量在小分子碳源添加后增加,且增加幅度与碳浓度成正相关。从图 5-10 中

还可以看出,与小分子有机碳的添加结果不同,在 30 天时单独添加小分子有机氮对土壤微生物量氮含量作用不明显。四种不同浓度配比复合添加小分子碳源和氮源对复垦土壤微生物量氮含量相比对照土壤有显著增加,但增加量小于 7 天时的效果。其中效果最为显著的为高碳低氮组。

5.3.3　小分子碳源、氮源添加对复垦土壤 β-葡萄糖苷酶活性影响

图 5-11 揭示了小分子碳源、氮源的添加通过激发效应对复垦土壤中 β-葡萄糖苷酶活性的影响。从图中可以看出,低浓度和高浓度小分子碳源添加后显著增加了土壤中 β-葡萄糖苷酶活性,浓度增加幅度分别为 59.0％和 41.2％。低浓度小分子氮源添加后,β-葡萄糖苷酶活性无明显变化,而高浓度小分子氮源则抑制了 β-葡萄糖苷酶活性。四种不同配比添加小分子碳源和氮源对复垦土壤 β-葡萄糖苷酶对土壤作用如图所示,结果表明,除低碳高氮组外,其余 3 种组合模式添加小分子碳源氮源均能促进土壤 β-葡萄糖苷酶活性。

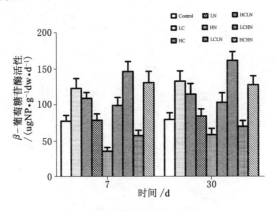

图 5-11　小分子碳源、氮源添加
对复垦土壤 β-葡萄糖苷酶活性的影响

研究发现,添加小分子碳源氮源后 30 天对复垦土壤酶活性影响规律和 7 天类似,除单一添加高浓度的氮源和低碳高氮源对土壤 β-葡萄糖苷酶活性无明显影响外,其他几种添加模式均能提高复垦土壤中 β-葡萄糖苷酶活性。

5.3.4 小分子碳源、氮源添加对复垦土壤酸性磷酸酶活性影响研究

小分子碳源、氮源的添加通过激发效应对复垦场地土壤酸性磷酸酶活性影响如图 5-12 所示。从图中可以看出,添加碳源和氮源后 7 天和 30 天测定结果类似。在单一物质添加后,7 天和 30 的测试结果表明两种浓度小分子碳源的添加均能显著提高土壤中酸性磷酸酶的活性,酶活性增加效果与添加浓度成正相关。单独添加氮源对复垦场地酸性磷酸酶活性影响不呈显著。图 5-12 还显示了添加四种不同组合小分子碳源和氮源对复垦土壤酸性磷酸酶活性作用的结果。从图中可以看出,在 7 天时所有添加模式均能提高复垦土壤酸性磷酸酶活性,与对照相比其酶活性增加情况

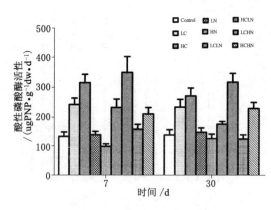

图 5-12 小分子碳源、氮源添加
对复垦土壤酸性磷酸酶活性的影响

分别为 74.6％、164.4％、18.9％和 58.1％。4 种组合添加模式在
30 天时对土壤酸性磷酸酶活性的影响与 7 天有所不同,仅低氮高
碳组和高氮高碳组对土壤酸性磷酸酶活性有影响,与对照土壤相
比分别增加酶活性为 133.7％和 69.8％。

5.3.5　小分子碳源、氮源添加对复垦土壤脲酶活性影响研究

复垦土壤中添加小分子碳源、氮源对土壤中脲酶活性的激发
效应结果如图 5-13 所示。从图中可以看出,单一添加碳源、氮源
及按照不同比例添加碳源氮源复合物均能增加复垦土壤中脲酶活
性。从添加后第七天的测试结果来看,不同添加浓度和配比对复
垦土壤脲酶活性增加的影响从大到小的顺序依次为高碳低氮组＞
高碳组＞低碳低氮组＞低碳组＞高碳高氮组＞低碳高氮组＞高氮
组。显著性分析表明,添加高浓度碳源、低碳低氮和低氮高碳均能
显著增加复垦土壤中脲酶活性。

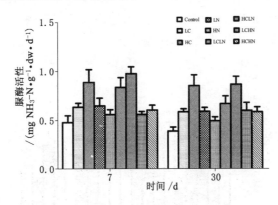

图 5-13　小分子碳源、氮源添加对复垦土壤脲酶活性影响

图 5-13 同样揭示了添加小分子碳源、氮源后 30 天对复垦土
壤中脲酶的活性激发效应研究结果。从图中可以看出,无论是单

一添加还是组合添加外源小分子碳氮均能有效激发土壤中脲酶的活性。此外，高碳源组对土壤中脲酶活性的激发效应要高于其他组别，表明小分子有机碳的加入更有利于提高复垦土壤中脲酶活性。

5.3.6 小分子碳源、氮源的添加对复垦土壤过氧化氢酶活性影响研究

图 5-14 揭示了小分子碳源、氮源的添加对复垦土壤中过氧化氢酶活性的影响。从图中可以看出，与对照土壤相比，低浓度小分子碳源添加后对土壤中过氧化氢酶活性影响不显著，高浓度小分子碳源加入使土壤过氧化氢酶活性增加了 17.8%。两种浓度小分子氮源添加后，复垦土壤过氧化氢酶活性受到抑制。与对照土壤相比，添加氮源后土壤过氧化氢酶活性分别下降了 19.2% 和 57.6%。四种不同配比添加小分子碳源和氮源对复垦土壤过氧化氢酶活性的激发效应作用不明显，低碳高氮组和高碳高氮组添加表现出抑制土壤过氧化氢酶活性。

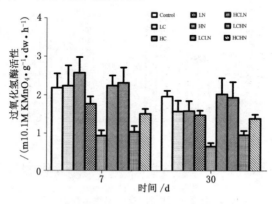

图 5-14　小分子碳源、氮源添加
对复垦土壤过氧化氢酶活性的影响

图 5-14 同样揭示了添加小分子碳源、氮源后 30 天对复垦土壤中过氧化氢酶的活性激发效应研究结果。从图中可以看出,单一添加还是组合添加外源小分子碳氮源对激发土壤中过氧化氢酶的效果低于 7 天的效果。此外,与第 7 天是测定效果不同,碳源和氮源的组合使用对土壤中过氧化氢酶活性的激发效应要高于单一添加氮源或碳源,表明同时加入小分子有机碳和氮源的加入更有利于提高复垦土壤中过氧化氢酶活性。

5.3.7 小分子碳源、氮源添加对复垦土壤芳基硫酸酯酶活性影响研究

复垦土壤中添加小分子碳源、氮源对土壤中芳基硫酸酯酶活性的激发效应在第 7 天的测试结果如图 5-15 所示。从图中可以看出,单一添加碳源能显著提高复垦土壤中芳基硫酸酯酶的活性,其提高效果与浓度成正相关。单一添加小分子氮源测试结果表明添加后对复垦土壤芳基硫酸酯酶活性影响不显著。从图中还可以看出,在四种配比添加小分子碳源和氮源的实验中,二种高碳组的激发作用要高于其他组。

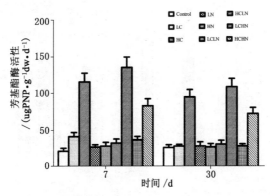

图 5-15　小分子碳源、氮源添加对复垦土壤芳基硫酸酯酶活性的影响

图 5-15 同样揭示了添加小分子碳源、氮源后 30 天对复垦土壤中芳基硫酸酯酶活性激发效应的研究结果。从图中可以看出,除高碳组、低氮高碳组和高碳高氮组外,无论是单一添加还是组合添加外源小分子碳氮均对土壤中芳基硫酸酯酶的活性作用不明显。此外,添加小分子碳源、氮源后复垦土壤中芳基硫酸酯酶活性的激发效应要小于 7 天时的效果。

5.3.8 小分子碳源、氮源添加对复垦土壤呼吸作用影响研究

图 5-16 揭示了小分子碳源、氮源的添加对复垦土壤呼吸作用的影响。从图中可以看出,与对照土壤相比,低浓度小分子碳源添加后显著增加土壤中 CO_2 的释放,两种浓度小分子碳源加入分别使土壤呼吸增加了 163.6% 和 794.8%。两种浓度小分子氮源添加后,复垦土壤呼吸活性有所增加,与对照土壤对比添加氮源后土壤呼吸分别增加了 22.1% 和 67.5%,低于添加小分子碳源处理组,差异显著。四种不同配比添加小分子碳源和氮源对复垦土壤呼吸激发效应作用明显,除低碳高氮组外,其余三组添加效果与对照土壤对比效果极显著。

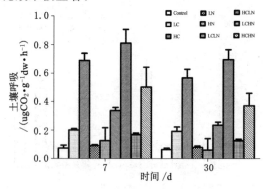

图 5-16　小分子碳源、氮源添加
对复垦土壤呼吸作用影响

图 5-16 同样揭示了添加小分子碳源、氮源后 30 天对复垦土壤中呼吸作用影响的研究结果。从图中可以看出,单一添加和组合添加外源小分子碳氮源对激发土壤呼吸作用的影响效果低于 7 天的结果。此外,单一添加氮源对土壤呼吸的作用与对照土壤相比无明显效果。此外,从图中可以看出,小分子碳源和氮源的联合使用对土壤呼吸的影响作用要高于单一添加氮源或碳源,表明同时加入小分子有机碳和氮源提高了复垦土壤微生物呼吸作用。

5.4 讨论

矿区复垦土壤在复垦完成后一般面临着土壤结构受损、功能受阻的状况,土壤的稳定性和可持续性受到影响。尤其是复垦后土壤微生物含量及活性降低,阻碍了复垦土壤发挥正常的生理生化功能。当前很多研究集中在如何提高复垦土壤保水增肥等方面,如添加生态碳、无机肥、有机肥、增加凋落物和接种菌根等。外来的物质的添加有效地改善了土壤的保水增肥能力,迅速地提高了矿区复垦土壤质量,但关于其作用机理的研究却不多。对土壤生物地球循环来说,最基本的物质就是水、碳、氮、磷和硫等元素,物质循环最基本的驱动力就是植物及土壤微生物对营养元素的利用。在复垦土壤演替和进化过程中,涉及到的最主要的营养元素就是碳元素和氮元素。添加的外源碳元素和氮元素在复垦场地土壤物质循环中所起到的作用、对土壤微生物和酶活性的影响以及如何更有效的促进土壤改良方面的研究却做得相对较少,尤其缺乏定量研究。

"Piming effect"也通常被翻译成"激发效应",最早被 Lonhnis 在研究绿肥的添加对土壤中氮元素有效性的影响时所发现[173]。20 世纪 40 年代末,激发效应通过同位素标记研究所确认。激发效应简单说就是外来物质(多为有机质)能够改变土壤中原有有机质的分解及矿化,加速土壤物质循环。目前已经证实,土壤的激发效应能够影响生态系统碳通量。激发效应如何影响土壤碳和氮循环,能否建立相应的模型成为近年来的热点之一[174,175]。土壤微生物在土壤物质循环中占有重要的地位,目前已经证实不同模式激发效应下的微生物量与碳组分之间存在非线性关系[176]。Allison 等人通过化学计量学的方法研究了微生物生物量、微生物官能团与土壤激发效应之间关系[177]。这些研究结果和模型建立促使人们从微生物、分子和细胞水平对激发效应进行了解,以及如何更精确地预测不同的碳源和氮源所引起的激发效应结果[178]。

　　植物根系分泌物诱导根际激发效应影响土壤有机质分解,通过改变土壤有效氮的供应影响植物生长。温度、水分、物种、根系构型、菌根种类、盐分、生物炭等生物或非生物因素都能够影响根系分泌物组分和产生速率。研究表明,根系分泌物速率和植物生长有关,由于植物和土壤微生物对根际可利用氮素的竞争,植物根际区通常成为可利用氮素受到限制的区域。在不利环境中植物和土壤微生物竞争利用土壤中可利用氮源。因此当土壤可利用氮源量不足以维持植物生长所需时,植物生长就会受到抑制。矿区土壤在复垦完成后往往面临着植物生长缓慢、死亡率高的情况,其原因并不完全清楚。本课题组在复垦场地长期的试验结果表明,复垦场地中农作物产量减少,微生物数量和土壤酶活性较低。本书研究进一步发现,复垦场地土壤根系很难延伸到土壤—物料充填界面,且充填界面附近小麦根系生长较差。根据研究结果推测可能在煤矸石(粉煤灰)充填复垦场地土壤中存在以下机制(图 5-17):在正常情况下,土壤微生物从根系分泌物中获取营养成分,促进微生物生长和分泌胞外酶,分解土壤有机质获得可利用氮素,以维持植物正常生长所需。而在复垦场地中粉煤灰(煤矸石)存在情况下,充填物料风化或淋溶产物抑制植物根系分泌物的产生,土壤微生物可利用碳源减少,土壤微生物数量和胞外酶分泌量随之减少,土壤有机质分解受到抑制,土壤中可利用氮源减少。在土壤可利用氮源含量降低的情况下,植物和土壤微生物竞争可利用氮源,可利用氮源的不足导致植物生长受到抑制,进一步抑制复垦场地中植物生长和根系分泌物产生速率,形成负反馈。

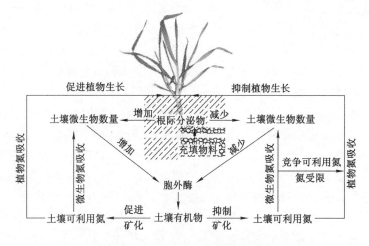

图 5-17　复垦场地充填物料抑制
冬小麦根系分泌速率和土壤氮素转化机制

在上述研究基础上中,本书进一步通过定量实验研究外源小分子碳源、氮源添加对煤矿区复垦土壤生物学特性的影响。本书研究结果表明,小分子碳源和氮源的添加能有效增加复垦土壤中微生物量,单一添加碳源的效果比单一添加氮源效果更为明显。不同配比添加碳源氮源表明高浓度碳源加入更容易增加土壤微生物量。通过对复垦实践工艺流程分析可知,复垦土壤在工程实施中经过了剥离、运输、储存、再运输、平整等过程,周期为几周至几个月不等,土壤中易氧化有机碳(Labile carbon)流失严重,限制了土壤微生物可利用碳源。小分子葡萄糖加入后,能直接为土壤微生物所利用,增加土壤微生物的种类和数量,从而迅速增加土壤微生物量,并促进复垦土壤营养物质循环。此外,土壤碳氮比是限制土壤微生物量变化一个重要因素,高浓度小分子氮源的加入降低了复垦土壤碳氮比,限制了土壤微生物对土壤有机质的利用,所以单一氮源的加入作用效果低于碳源的加入,高氮组的效果要低于低氮组。

土壤 β-葡萄糖苷酶主要功能是将土壤有机质中的纤维素水解成单糖,因此在研究中 β-葡萄糖苷酶通常作为监测土壤微生物活性和土壤酶功能最常见的研究指标。研究表明 β-葡萄糖苷酶的活性通常与土壤微生物量、总有机碳含量成正相关[179]。矿区复垦场地的覆土层因含有较少的纤维素和纤维二糖,因此复垦初期的矿区土壤中 β-葡萄糖苷酶活性要低于沉陷前土壤。随着复垦后土壤覆被增加,土壤中凋落物含量逐渐增加,β-葡萄糖苷酶活性随微生物量和土壤中可利用基质的增加而增加。所以 β-葡萄糖苷酶活性可以作为评价土壤质量和评估碳循环的重要指标。在研究中,尽管小分子碳源不是 β-葡萄糖苷酶直接作用的底物,但碳源的加入刺激了土壤微生物的生长,促使土壤微生物分泌更多的胞外酶,即检测出更高的 β-葡萄糖苷酶活性。而小分子氮源的加入限制了土壤有机质的分解,使得 β-葡萄糖苷酶可被利用的底物减少,从而使得酶活力下降。

土壤过氧化氢酶活性反映了土壤微生物群落及其胞外酶总的氧化还原能力,其活力大小反映了土壤微生物的细胞呼吸及解毒能力。一般说来,土壤过氧化氢酶活性通常与土壤有机质和土壤呼吸能力成正相关。在本研究中,小分子碳源和氮源加入后土壤过氧化氢酶活性和 β-葡萄糖苷酶活性表现出一定的成正相关,这与它们都是反映矿区复垦土壤微生物活性和土壤碳矿化的指标相一致。此外,本研究中发现土壤过氧化氢酶对小分子氮源的加入变化更明显,表明过氧化氢酶可以作为监测土壤氮素变化更敏感的指标。

　　土壤酸性磷酸酶、土壤脲酶以及芳基硫酸酯酶的功能是分解土壤有机质使其成为简单无机物。也是反映土壤微生物种群活力的重要指标,小分子碳源的添加使得土壤有机物的分解加速,能够为上述几种酶提供更多的底物。因此在矿区复垦土壤中添加小分子碳源能显著提高土壤酸性磷酸酶、土壤脲酶以及芳基硫酸酯酶的活性。

5.5　小结

　　复垦场地充填物料(煤矸石/粉煤灰)抑制拔节期、开花期、成熟期冬小麦的根长、根生物量、根系活力、根冠比等生长指数。与对照场地相比,复垦场地中的煤矸石/粉煤灰抑制拔节期、开花期、成熟期的冬小麦根系分泌物产生速率Ⅰ、Ⅱ、Ⅲ。相关性分析表明根际分泌物产生速率与作物根系活力成正相关。复垦场地中煤矸石/粉煤灰对土壤氮素转化速率、多酚氧化酶活性、土壤脲酶活性有抑制作用。相关性分析表明,复垦场地土壤氮素转化效率、土壤酶活性与冬小麦根系产物分泌速率成正相关

　　外源小分子碳源和氮源能通过激发效应提高复垦土壤生物学指标。与对照土壤生物学指标为基准,高浓度碳源($10\ \mathrm{mg\cdot g^{-1}}$)组土壤微生物量碳含量为$276.7\%$(7 天)和$184.4\%$(30 天);微生物量氮量$129.8\%$(7 天)和$148.9\%$(30 天);$\beta$-葡萄糖苷酶活性$89.1\%$(7 天)和$102.9\%$(30 天);酸性磷酸酶活性$164.4\%$(7 天)和$130.3\%$(30 天);芳基硫酸酯酶活性$541.1\%$(7 天)和$317.6\%$(30 天)。高碳低氮组($10\ \mathrm{mg\cdot g^{-1}}$葡萄糖和$1\mathrm{mg\cdot g^{-1}}$硝酸铵)的激发作用最为明显。复垦土壤中碳源是影响土壤生物学指标的限制性因子,碳源加入能迅速激活土壤生物活性。相对于单一碳源或氮源的加入,调整土壤碳氮比要比单纯增加土壤碳源更有利于土壤功能的恢复。在添加高浓度氮源情况下,抑制了土壤中大部

分生物学指标,表明在复垦土壤碳源供应受到限制时,高浓度氮源加入抑制了土壤微生物活性。

综合分析表明,采煤塌陷区复垦场地土壤碳和氮元素的供应能力是限制土壤微生物量和酶活力的影响因素之一。添加小分子碳源和氮源能够通过激发效应提高复垦土壤中微生物量和土壤酶活力,有利于促进矿区复垦土壤生态恢复。相对于单一碳源或氮源的加入,调整土壤碳氮比例更有利于复垦场地土壤功能的恢复。

6 结 论

本研究在前期工作的基础上,通过场地实验和室内分析相结合的方法系统分析了:煤矸石充填复垦土壤生物学特性时空变化特征;煤矸石、粉煤灰及湖泊底泥三种物料对充填复垦土壤生物学特性的影响;通过相关性分析揭示充填复垦场地土壤生物学指标时空变化规律及土壤物理、化学、和重金属含量之间的关系;依据激发效应机理,利用小分子碳源、氮源提高充填复垦土壤生物学指标,改良复垦土壤质量。研究结果为采煤沉陷区生态恢复重建及土壤改良提供了科学依据。

6.1 主要结论

① 复垦土壤生物学指标值随复垦完成时间增加有显著增加,沉陷区土壤微生态环境得以改善。可培养细菌数量、可培养真菌数量、可培养放线菌数量、土壤微生物量碳含量、土壤微生物量氮、微生物量碳熵、土壤呼吸值、过氧化氢酶活性、β-葡萄糖苷酶活性、酸性磷酸酶活性、脲酶活性、蔗糖酶活性、芳基硫酸酯酶等生物学指标在复垦初期显著低于对照土壤,在复垦后期有较大提升,土地复垦显著增加了复垦土壤生物学指标值。

② 湖泊底泥充填复垦场地土壤生物学指标值高于煤矸石土壤和粉煤灰复垦土壤,湖泊底泥更适合用于矿区土地复垦。以煤矸石复垦场地、粉煤灰复垦场地和湖泊底泥复垦场地 $0\sim10$ cm、$10\sim20$ cm 与 $20\sim50$ cm 土层生物学指标有着类似的变化趋势,

即湖泊底泥复垦场地大于煤矸石复垦场地和粉煤灰复垦场地；复垦土壤表层土壤生物学指标高于深层土壤，即随土壤深度增加而减少。

③ 采煤沉陷区充填复垦土壤理化性质和生物学指标之间的具有显著的相关性，复垦场地中土壤微生物和土壤酶在采煤沉陷区复垦场地恢复过程中起着极为重要的作用，生物学指标是指示复垦场地土壤恢复状态的最好指标。

④ 复垦场地土壤质量指数值随复垦时间变化而增加，表明采煤沉陷区复垦土壤生态系统演替方向为正向演替。采煤沉陷导致土壤质量迅速下降，土地复垦能有效提高沉陷区土壤质量，为农作物生长提供了重要的养分来源。三种充填物料充填复垦土壤 SQI 指数从高到低依次是对照土壤、湖泊底泥充填复垦土壤、煤矸石充填复垦土壤和粉煤灰充填复垦土壤，湖泊底泥适宜用于复垦采煤沉陷区场地。

⑤ 采煤沉陷区充填复垦场地中煤矸石、粉煤灰抑制复垦土壤激发效应，降低生长期内小麦根长、根生物量和根系活力等指标，减缓复垦场地土壤氮素转化速率，降低复垦土壤多酚氧化酶和脲酶活性。

⑥ 采煤塌陷区复垦场地土壤碳元素和氮元素的供应能力不足是限制复垦土壤微生物量和酶活力的影响因素。加入小分子碳源和低浓度小分子氮源表现出正的激发效应，提高复垦土壤中微生物量和土壤酶活力。加入高浓度小分子氮源则表现出负的激发效应，降低复垦土壤中微生物量和土壤酶活力。外源小分子碳源、氮源的加入能有效地提高复垦土壤生物学指标，改善复垦土壤质量，促进复垦土壤正向演替

6.2　主要创新点

①　在采煤沉陷区煤矸石充填复垦土壤生物学指标测试分析的基础上，提出了以生物学特性为基础、兼顾理化指标的土壤质量评价方法，揭示了采煤沉陷区复垦土壤质量随时间的变化规律。

②　对比研究了不同充填复垦方式对土壤生物学特性的影响，认为湖泊底泥复垦土壤生物学特性明显优于煤矸石复垦土壤和粉煤灰复垦土壤；煤矸石与粉煤灰复垦场地冬小麦生长指标、土壤氮素转化速率和土壤酶活性低于对照场地。

③　提出了利用小分子碳源和小分子氮源改善复垦土壤生物学活性的方法。加入小分子碳源和低浓度小分子氮源表现出正的激发效应；加入高浓度小分子氮源则表现出负的激发效应。

6.3　需要进一步研究的内容

①　复垦土壤的空间异质性较强，演替时间长，需要对采煤沉陷区充填复垦场地土壤生物学指标进行长期定位监测。

②　本研究尽管对土壤环境要素与生物学指标变化耦合关系有所涉及，但对矿区充填复垦场地土壤的耦合机制没有深入研究，有待进一步进行研究。

③　在今后的研究中应对复垦场地中重金属来源和迁移特性进行深入研究。

参 考 文 献

［1］ Zheng fu Bian，Xiexing Miao，Shaogang Lei et al. The challenges of reusing mining and mineral-processing wastes ［J］. Science,2012,337(6095):702-703.

［2］ 李树志.我国采煤沉陷土地损毁及其复垦技术现状与展望 ［J］.煤炭科学技术,2014,42(001):93-97.

［3］ Bradshaw A. Restoration of mined lands—using natural processes［J］. Ecological Engineering,1997,8(4):255-269.

［4］ 卞正富.国内外煤矿区土地复垦研究综述［J］.中国土地科学, 2000,14(1):6-11.

［5］ 才庆祥,高更君.露天矿剥离与土地复垦一体化作业优化研究 ［J］.煤炭学报,2002,27(3):276-280.

［6］ 崔光华,王金成.“三结合”是煤矿塌陷地复垦的最佳组织形 式［J］.煤矿环境保护,1993,7(5):2-5.

［7］ 卞正富.煤矿区土地复垦条件分区研究［J］.中国矿业大学学 报,1999,28(3):237-242.

［8］ 卞正富.矿区土地复垦界面要素的演替规律及其调控研究 ［J］.中国土地科学,1999,13(2):6-11.

［9］ 卞正富.我国煤矿区土地复垦与生态重建研究［J］.资源与产 业,2005,7(2):18-24.

［10］ 孙泰森,师学义,杨玉敏,等.五阳矿区采煤塌陷地复垦土壤 的质量变化研究［J］.水土保持学报,2004,17(4):35-37.

［11］ 孙泰森,白中科.大型露天煤矿废弃地生态重建的理论与方

法[J]. 水土保持学报,2009(5):56-59.

[12] Jihong Dong,Min Yu,Zhengfu Bian et al. The safety study of heavy metal pollution in wheat planted in reclaimed soil of mining areas in Xuzhou,China[J]. Environmental Earth Sciences,2012,66(2):673-682.

[13] Jihong Dong,Zhengfu Bian,Hefeng Wang. Comparison of heavy metal contents between different reclaimed soils and the control soil[J]. Journal-China University of Mining and Technology-Chinese Edition,2007,36(4):531-535.

[14] Zhengfu Bian,Jihong Dong,Shaogang Lei et al. The impact of disposal and treatment of coal mining wastes on environment and farmland [J]. Environmental geology, 2009,58(3):625-634.

[15] Jiawei Han,Hong Cheng,Xin Dong et al. Frequent pattern mining:current status and future directions [J]. Data Mining and Knowledge Discovery,2007,15(1):55-86.

[16] 刘飞,陆林.采煤塌陷区的生态恢复研究进展[J].自然资源学报,2009,24(4):612-620.

[17] 夏玉成,孙学阳,汤伏全.煤矿区构造控灾机理及地质环境承载能力研究[M].北京:科学出版社,2008.

[18] 杨德玉.中国大型煤炭企业资源开发方略[M].北京:企业管理出版社,2006.

[19] 胡振琪,杨秀红,鲍艳,等.论矿区生态环境修复[J].科技导报,2005,23(1):38-41.

[20] 胡振琪,肖武,王培俊,等.试论井工煤矿边开采边复垦技术[J].煤炭学报,2013,38(2):301-307.

[21] Hall D L. Reclamation planning for coal strip-mined lands in Montana[J]. Landscape and Urban Planning, 1987, 14:

45-55.

[22] Sheoran V, Sheoran S A. Reclamation of abandoned mine land[J]. Journal of Mining and Metallurgy A: Mining, 2009,45(1):13-32.

[23] Mukhopadhyay S, Maiti S K, Masto R E et al. Development of mine soil quality index (MSQI) for evaluation of reclamation success: A chronosequence study[J]. Ecological Engineering,2014,71:10-20.

[24] Laarmann D, Korjus H, Sims A et al. Evaluation of afforestation development and natural colonization on a reclaimed mine site[J]. Restoration Ecology,2015,23(3): 301-309.

[25] 卞正富,张燕平. 徐州煤矿区土地利用格局演变分析[J]. 地理学报,2006,61(4):349-358.

[26] 郭友红,李树志,鲁叶江. 塌陷区矸石充填复垦耕地覆土厚度的研究[J]. 矿山测量,2008(002):59-61.

[27] 丁青坡,王秋兵,魏忠义,等. 抚顺矿区不同复垦年限土壤的养分及有机碳特性研究[J]. 土壤通报,2007,38(2):262-267.

[28] Adriano D, Page A, Elseewi A et al. Utilization and disposal of fly ash and other coal residues in terrestrial ecosystems: A review[J]. Journal of environmental quality, 1980, 9(3):333.

[29] Buddhe S T, Thakre M, Chaudhari P R. Effect of fly ash based soil conditioner (Biosil) and Recommended Dose of Fertilizer on Soil properties,growth and yield of wheat[J]. American J Engineering Research,2014,3(1):185-199.

[30] El-Mogazi D, Lisk D, Weinstein L. A review of physical,

chemical, and biological properties of fly ash and effects on agricultural ecosystems [J]. The Science of the Total Environment,1988,74:1.

[31] Rai U, Pandey K, Sinha S, et al. Revegetating fly ash landfills with Prosopis juliflora L.: impact of different amendments and Rhizobium inoculation [J]. Environment international,2004,30(3):293-300.

[32] Shukla M, Lal R, Ebinger M. Soil quality indicators for reclaimed minesoils in southeastern Ohio[J]. Soil Science, 2004,169(2):133.

[33] Shukla M, Lal R. Temporal changes in soil organic carbon concentration and stocks in reclaimed minesoils of southeastern Ohio [J]. Soil science, 2005, 170 (12): 1013-1021.

[34] Shukla M, Lal R, VanLeeuwen D. Spatial Variability of Aggregate-Associated Carbon and Nitrogen Contents in the Reclaimed Minesoils of Eastern Ohio [J]. Soil Science Society of America Journal,2007,71(6):1748.

[35] Lal R. Managing soils and ecosystems for mitigating anthropogenic carbon emissions and advancing global food security[J]. BioScience,2010,60(9):708-721.

[36] Shrestha R, Lal R. Land use impacts on physical properties of 28 years old reclaimed mine soils in Ohio[J]. Plant and Soil,2008,306(1):249-260.

[37] Shrestha R K, Lal R. Changes in physical and chemical properties of soil after surface mining and reclamation[J]. Geoderma,2010,157:196-205.

[38] Jacinthe P, Lal R. Carbon storage and minesoil properties in

relation to topsoil application techniques[J]. Soil Science Society of America Journal,2007,71(6):1788-1795.

[39] Ussiri D A,Lal R. Long-term tillage effects on soil carbon storage and carbon dioxide emissions in continuous corn cropping system from an alfisol in Ohio[J]. Soil and Tillage Research,2009,104(1):39-47.

[40] Ussiri D,Lal R. Method for determining coal carbon in the reclaimed minesoils contaminated with coal[J]. Soil Science Society of America Journal,2008,72(1):231-237.

[41] Ussiri D,Lal R. Carbon sequestration in reclaimed minesoils [J]. Critical Reviews in Plant Sciences, 2005, 24 (3): 151-165.

[42] Rooney,Rebecca C,Suzanne E et al. Oil sands mining and reclamation cause massive loss of peatland and stored carbon [J]. Proceedings of the National Academy of Sciences,2012,109(13):4933-4937.

[43] Maharaj S, Barton C D, Karathanasis T A, et al. Distinguishing" new " from " old " organic carbon in reclaimed coal mine sites using thermogravimetry:II. Field validation[J]. Soil science,2007,172(4):302-312.

[44] Akala V,Lal R. Soil organic carbon pools and sequestration rates in reclaimed minesoils in Ohio [J]. Journal of Environmental Quality,2001,30(6):2098-2104.

[45] Akala V,Lal R. Potential of mine land reclamation for soil organic carbon sequestration in Ohio[J]. Land Degradation & Development,2000,11(3):289-297.

[46] Lal R. Soil carbon management and climate change[J]. Carbon Management,2013,4(4):439-462.

［47］ Shrestha R K，Lal R，Rimal B. Soil carbon fluxes and balances and soil properties of organically amended no-till corn production systems［J］. Geoderma，2013，197：177-185.

［48］ Jacinthe P-A，Lal R. Spatial variability of soil properties and trace gas fluxes in reclaimed mine land of southeastern Ohio ［J］. Geoderma，2006，136（3）：598-608.

［49］ Lorenz K，Lal R. Stabilization of organic carbon in chemically separated pools in reclaimed coal mine soils in Ohio［J］. Geoderma，2007，141（3-4）：294-301.

［50］ Ganjegunte G，Wick A，Stahl P，et al. Accumulation and composition of total organic carbon in reclaimed coal mine lands［J］. Land Degradation & Development，2009，20（2）：156-175.

［51］ 渠俊峰，张绍良，李钢，等.高潜水位采煤沉陷区有机碳库演替特征研究［J］.金属矿山，2013（011）：150-153.

［52］ 徐占军.高潜水位矿区煤炭开采对土壤和植被碳库扰动的碳效应［M］.徐州：中国矿业大学，2012.

［53］ Mishra U，Ussiri D A，Lal R. Tillage effects on soil organic carbon storage and dynamics in Corn Belt of Ohio USA［J］. Soil and Tillage Research，2010，107（2）：88-96.

［54］ Wick A，Stahl P D，Ingram L J，et al. Soil Structural Recovery in Relation to Carbon and Nitrogen Content in a Chronosequence of Reclaimed Sites［J］. 2006，13：102-107.

［55］ David A. N，Lal R. Land Management Effects on Carbon Sequestration and Soil Properties in Reclaimed Farmland of Eastern Ohio，USA ［J］. Soil Science，2013，3（1）：46-57.

［56］ Sever H，Makineci E. Soil organic carbon and nitrogen accumulation on coal mine spoils reclaimed with maritime pine（Pinus pinaster Aiton）in Agacli-Istanbul［J］. Environmental Monitoring and Assessment,2009,155(1): 273-280.

［57］Pichtel J,Hayes J. Influence of fly ash on soil microbial activity and populations［J］. Journal of environmental quality,1990,19(3):593.

［58］Stoeckel D M. Seasonal nutrient dynamics of forested floodplain soil influenced by microtopography and depth ［J］. Soil Science Society of America Journal,2001,65(3): 922-931.

［59］Emmerling C,Liebner C,Haubold-Rosar M,et al. Impact of application of organic waste materials on microbial and enzyme activities of mine soils in the Lusatian coal mining region［J］. Plant and Soil,2000,220(1-2):129-138.

［60］Kent A D,Triplett E W. Microbial communities and their interactions in soil and rhizosphere ecosystems［J］. Annual Reviews in Microbiology,2002,56(1):211-236.

［61］Anderson T-H. Microbial eco-physiological indicators to asses soil quality［J］. Agriculture, Ecosystems & Environment,2003,98(1):285-293.

［62］Harris J. Measurements of the soil microbial community for estimating the success of restoration［J］. European Journal of Soil Science,2003,54(4):801-808.

［63］Batten K M,Scow K M. Sediment Microbial Community Composition and Methylmercury Pollution at Four Mercury Mine-Impacted Sites［J］. Microbial Ecology, 2003, 46(4): 429-441.

［64］Claassens S, Van Rensburg P J J, Van Rensburg L. Soil

Microbial Community Structure of Coal Mine Discard Under Rehabilitation [J]. Water, Air, &. Soil Pollution, 2006,174(1):355-366.

[65] Guillou L, Angers C, Maron PA. Linking microbial community to soil water-stable aggregation during crop residue decomposition [J]. Soil Biology and Biochemistry, 2012,50:126-133.

[66] Rumpel C, Kögel-Knabner I. Microbial use of lignite compared to recent plant litter as substrates in reclaimed coal mine soils[J]. Soil Biology and Biochemistry,2004,36 (1):67-75.

[67] Lagomarsino A, Grego S, Kandeler E. Soil organic carbon distribution drives microbial activity and functional diversity in particle and aggregate-size fractions [J]. Pedobiologia 2012,55(2):101-110.

[68] Moscatelli M, Lagomarsino A, Marinari S, et al. Soil microbial indices as bioindicators of environmental changes in a poplar plantation[J]. Ecological Indicators,2005,5(3): 171-179.

[69] Anderson J, Ingram L, Stahl P. Influence of reclamation management practices on microbial biomass carbon and soil organic carbon accumulation in semiarid mined lands of Wyoming[J]. Applied Soil Ecology,2008,40(2):387-397.

[70] Anderson J D, Ingram L J, Stahl P D. Influence of reclamation management practices on microbial biomass carbon and soil organic carbon accumulation in semiarid mined lands of Wyoming[J]. Applied Soil Ecology,2008,40 (2):387-397.

［71］Katsalirou E. Microbial community and enzyme activities in prairie soil ecosystems under different management［D］. Oklahoma State University,Doctor of Philosophy,2006.

［72］Nicomrat D, Dick W A, Tuovinen O H. Microbial Populations Identified by Fluorescence In Situ Hybridization in a Constructed Wetland Treating Acid Coal Mine Drainage［J］. Journal of Environmental Quality,2006, 35(4):1329.

［73］Pereira R,Sousa J,Ribeiro R,et al. Microbial indicators in mine soils（S. Domingos Mine, Portugal）［J］. Soil and Sediment Contamination:An International Journal,2006,15 (2):147-167.

［74］Mummey D,Stahl P,Buyer J. Soil microbiological properties 20 years after surface mine reclamation:spatial analysis of reclaimed and undisturbed sites［J］. Soil Biology and Biochemistry,2002,34(11):1717-1725.

［75］Araújo A S F,Cesarz S,Leite L F C,et al. Soil microbial properties and temporal stability in degraded and restored lands of Northeast Brazil［J］. Soil Biology and Biochemistry,2013.

［76］Mukhwana. Soil organic matter, microbial community dynamics and The economics of diversified dryland winter wheat and Irrigated sugar beet cropping systems in wyoming［J］.

［77］Schutter M, Fuhrmann J. Soil microbial community responses to fly ash amendment as revealed by analyses of whole soils and bacterial isolates［J］. Soil Biology and Biochemistry,2001,33(14):1947-1958.

[78] Dangi S R, Stahl P D, Wick A F, et al. Soil Microbial Community Recovery in Reclaimed Soils on a Surface Coal Mine Site [J]. Soil Science Society of America Journal, 2012,76(3):915-924.

[79] Tiemann L K. Soil microbial community carbon and nitrogen dynamics with altered precipitation regimes and substrate availability[J]. 2011.

[80] Insam H, Domsch K. Relationship between soil organic carbon and microbial biomass on chronosequences of reclamation sites [J]. Microbial ecology, 1988, 15 (2): 177-188.

[81] Llorente M, Turrión M B. Microbiological parameters as indicators of soil organic carbon dynamics in relation to different land use management[J]. European Journal of Forest Research,2010,129(1):73-81.

[82] Anderson T-H, Domsch K H. Soil microbial biomass: the eco-physiological approach [J]. Soil Biology and Biochemistry,2010,42(12):2039-2043.

[83] Ross D,Speir T,Kettles H,et al. Soil microbial biomass,C and N mineralization and enzyme activities in a hill pasture: influence of season and slow-release P and S fertilizer[J]. Soil Biology and Biochemistry,1995,27(11):1431-1443.

[84] Sparling G, Pankhurst C, Doube B, et al. Soil microbial biomass,activity and nutrient cycling as indicators of soil health[M]. Wallingford:CAB International,1997.

[85] da Silva D K A,de Oliveira Freitas N,de Souza R G,et al. Soil microbial biomass and activity under natural and regenerated forests and conventional sugarcane plantations

in Brazil[J]. Geoderma,2012,189:257-261.

[86] Dilly O, Nii-Annang S, Franke G, et al. Resilience of microbial respiration,respiratory quotient and stable isotope characteristics to soil hydrocarbon addition[J]. Soil Biology and Biochemistry,2011,43(9):1808-1811.

[87] Dick R P. Soil enzyme activities as indicators of soil quality [J]. Defining soil quality for a sustainable environment, 1994(definingsoilqua):107-124.

[88] Pool J. Use of Diatom Assemblages and Biofilm Enzyme Activities for Assessment of Acid Mine Remediated Streams in Southeastern Ohio:Ohio University,2010.

[89] Marzadori C,Ciavatta C,Montecchio D,et al. Effects of lead pollution on different soil enzyme activities[J]. Biology and fertility of soils,1996,22(1-2):53-58.

[90] Dick R P,Breakwell D P,Turco R F, et al. Soil enzyme activities and biodiversity measurements as integrative microbiological indicators [J]. Methods for assessing soil quality. ,1996:247-271.

[91] Vepsäläinen M,Kukkonen S,Vestberg M,et al. Application of soil enzyme activity test kit in a field experiment[J]. Soil Biology and Biochemistry,2001,33(12):1665-1672.

[92] Hinojosa M B, Carreira J A, García-Ruíz R, et al. Soil moisture pre-treatment effects on enzyme activities as indicators of heavy metal-contaminated and reclaimed soils [J]. Soil Biology and Biochemistry, 2004, 36 (10): 1559-1568.

[93] Speir T W,Ross D J. Hydrolytic enzyme activities to assess soil degradation and recovery [J]. Enzymes in the

environment-activity, ecology, and applications. New York, Marcel Dekker, 2002:407-431.

[94] Pati S, Sahu S. CO2 evolution and enzyme activities (dehydrogenase, protease and amylase) of fly ash amended soil in the presence and absence of earthworms (Drawida willsi Michaelsen) under laboratory conditions [J]. Geoderma, 2004, 118(3-4):289-301.

[95] Dilly O, Munch J-C. Microbial biomass content, basal respiration and enzyme activities during the course of decomposition of leaf litter in a black alder (<i> Alnus glutinosa</i>(L.) Gaertn.) forest[J]. Soil Biology and Biochemistry, 1996, 28(8):1073-1081.

[96] Stark C, Condron L, O'Callaghan M, et al. Differences in soil enzyme activities, microbial community structure and short-term nitrogen mineralisation resulting from farm management history and organic matter amendments[J]. Soil Biology and Biochemistry, 2008, 40(6):1352-1363.

[97] Yang S, Liao B, Li J, et al. Acidification, heavy metal mobility and nutrient accumulation in the soil-plant system of a revegetated acid mine wasteland [J]. Chemosphere, 2010.

[98] Liu Y R, Dang Z, Shang A A. Environmental Effects of Heavy Metals in Soils from Weathered Coal Mine Spoils [J]. Journal of Agro-Environment Science, 2003, 22(1): 64-66.

[99] Steed V, Suidan M, Gupta M, et al. Development of a sulfate-reducing biological process to remove heavy metals from acid mine drainage[J]. Water Environment Research,

2000,72(5):530-535.

[100] Bennett L E, Burkhead J L, Hale K L, et al. Analysis of transgenic Indian mustard plants for phytoremediation of metal-contaminated mine tailings [J]. Journal of environmental quality,2003,32(2):432-440.

[101] Rybicki B A, Johnson C C, Uman J, et al. Parkinson's disease mortality and the industrial use of heavy metals in Michigan[J]. Movement disorders,1993,8(1):87-92.

[102] Li Y,WANG Y-b,GOU X,et al. Risk assessment of heavy metals in soils and vegetables around non-ferrous metals mining and smelting sites, Baiyin, China[J]. Journal of Environmental Sciences,2006,18(6):1124-1134.

[103] Zak J,Parkinson D. Initial vesicular-arbuscular mycorrhizal development of slender wheatgrass on two amended mine spoils[J]. Canadian Journal of Botany, 1982, 60 (11): 2241-2248.

[104] Harmanescu M, Alda L M, Bordean D M, et al. Heavy metals health risk assessment for population via consumption of vegetables grown in old mining area; a case study:Banat County,Romania[J]. Chemistry Central Journal,2011,5(1):1-10.

[105] Hamiani O E, Khalil H E, Sirguey C, et al. Metal concentrations in plants from mining areas in South Morocco: Health risks assessment of consumption of edible and aromatic plants [J]. CLEAN-Soil, Air, Water,2013.

[106] Doran J W,Parkin T B. Defining and assessing soil quality [J]. SSSA special publication,1994,35:3-3.

［107］ Karlen D，Mausbach M，Doran J，et al. Soil quality：a concept，definition，and framework for evaluation（a guest editorial）［J］. Soil Science Society of America Journal，1997，61（1）：4-10.

［108］ Arshad M，Lowery B，Grossman B. Physical tests for monitoring soil quality［J］. Methods for assessing soil quality，1996（methodsforasses）：123-141.

［109］ van Straalen N M，Denneman C A. Ecotoxicological evaluation of soil quality criteria［J］. Ecotoxicology and environmental safety，1989，18（3）：241-251.

［110］ Doran J W，Jones A J. Methods for assessing soil quality：Soil Science Society of America Inc. ，1996.

［111］ Doran J W，Zeiss M R. Soil health and sustainability：managing the biotic component of soil quality［J］. Applied Soil Ecology，2000，15（1）：3-11.

［112］ Andrews S S，Karlen D L，Cambardella C A. The soil management assessment framework ［J］. Soil Science Society of America Journal，2004，68（6）：1945-1962.

［113］ 李少朋，毕银丽.丛枝菌根真菌在矿区生态环境修复中应用及其作用效果［J］.环境科学，2013，34（11）：4455-4459.

［114］ 李少朋，毕银丽，陈昢圳，等.干旱胁迫下 AM 真菌对矿区土壤改良与玉米生长的影响［J］.生态学报，2013 33（13）：4181-4188.

［115］ 李少朋，毕银丽，陈昢圳，等.外源钙与丛枝菌根真菌协同对玉米生长的影响与土壤改良效应［J］.农业工程学报，2013，29（1）：109-116.

［116］ 于淼，毕银丽，张翠青.菌根与根瘤菌联合应用对复垦矿区根际土壤环境的改良后效［J］.农业工程学报，2013，29（8）：

242-248.

[117] Short J, Fanning D, Foss J, et al. Soils of the Mall in Washington, DC: II. Genesis, classification, and mapping [J]. Soil Science Society of America Journal, 1986, 50(3): 705-710.

[118] 鲁如坤. 土壤农业化学分析方法[M]. 北京: 中国农业出版社, 2000.

[119] 王莹, 董霁红. 徐州矿区充填复垦地重金属污染的潜在生态风险评价[J]. 煤炭学报, 2009, 34(5): 650-655..

[120] Ussiri D A, Lal R. Carbon sequestration in reclaimed minesoils[J]. Critical Reviews in Plant Sciences, 2005, 24 (3): 151-165.

[121] Ashby W, Vogel W, Kolar C, et al. Productivity of stony soils on strip mines[J]. Erosion and productivity of soils containing rock fragments, 1984(erosionandprodu): 31-44.

[122] CIOLKOSZ E J, CRONCE R C, CUNNINGHAM R L, et al. Characteristics, genesis, and classification of Pennsylvania minesoils [J]. Soil science, 1985, 139 (3): 232-238.

[123] Thompson P, Jansen I, Hooks C. Penetrometer resistance and bulk density as parameters for predicting root system performance in mine soils [J]. Soil Science Society of America Journal, 1987, 51(5): 1288-1293.

[124] Harris J, Birch P, Short K. The impact of storage of soils during opencast mining on the microbial community: a strategist theory interpretation[J]. Restoration Ecology, 1993, 1(2): 88-100.

[125] Ussiri D, Lal R, Jacinthe P. Soil properties and carbon

sequestration of afforested pastures in reclaimed minesoils of Ohio[J]. Soil Science Society of America Journal,2006, 70(5):1797-1806.

[126] Morris S J,Paul E A,Kimble J,et al. Forest soil ecology and soil organic carbon[J]. The potential of US forest soils to sequester carbon and mitigate the greenhouse effect, 2003:109-125.

[127] Pentari D, Typou J, Goodarzi F, et al. Comparison of elements of environmental concern in regular and reclaimed soils, near abandoned coal mines Ptolemais-Amynteon,northern Greece: Impact on wheat crops[J]. International Journal of Coal Geology, 2006, 65 (1-2): 51-58.

[128] Stahl P, Wick A, Dangi S, et al. Ecosystem Recovery on Reclaimed Surface Minelands[J]. Published by ASMR: Lexington,KY,2009.

[129] Simmons J A,Currie W S,Eshleman K N,et al. Forest to reclaimed mine land use change leads to altered ecosystem structure and function[J]. Ecological Applications,2008, 18(1):104-118.

[130] Barnhisel R I, Darmody R G, Daniels W L. Lime and fertilizer needs for land reclamation[J]. 2000.

[131] Redente E F,Hargis N E. An evaluation of soil thickness and manipulation of soil and spoil for reclaiming mined land in northwest Colorado:Reclamation and Revegetation Research. 4 17-29 [J]. Find this article on other systems,1985.

[132] Ingram L, Schuman G, Stahl P. Short-Term Microbial

Respiration As An Indicator of Soil Quality for Reclaimed Coal Mine Soils of Northeastern Wyoming[J]. American Society for Surface Mining & Reclamation Annual Meeting Proceeding,2003:3-6.

[133] Baldrian P,Trögl J,Frouz J,et al. Enzyme activities and microbial biomass in topsoil layer during spontaneous succession in spoil heaps after brown coal mining[J]. Soil Biology and Biochemistry,2008,40(9):2107-2115.

[134] Xue D, Yao H, Huang C. Microbial biomass, N mineralization and nitrification, enzyme activities, and microbial community diversity in tea orchard soils[J]. Plant and Soil,2006,288(1):319-331.

[135] Tu C,Louws F J,Creamer N G,et al. Responses of soil microbial biomass and N availability to transition strategies from conventional to organic farming systems [J]. Agriculture, ecosystems & environment, 2006, 113 (1):206-215.

[136] Susyan E A, Wirth S, Ananyeva N D, et al. Forest succession on abandoned arable soils in European Russia-Impacts on microbial biomass,fungal-bacterial ratio,and basal CO 2 respiration activity[J]. European Journal of Soil Biology,2011,47(3):169-174.

[137] Šnajdr J, Valášková V, Merhautová V r, et al. Spatial variability of enzyme activities and microbial biomass in the upper layers of<i> Quercus petraea</i> forest soil [J]. Soil biology and Biochemistry, 2008, 40 (9): 2068-2075.

[138] Santos V B, Araújo A S, Leite L F, et al. Soil microbial

biomass and organic matter fractions during transition from conventional to organic farming systems [J]. Geoderma,2012,170:227-231.

[139] Machulla G,Zikeli S,Kastler M,et al. Microbial biomass and respiration in soils derived from lignite ashes:a profile study[J]. Journal of Plant Nutrition and Soil Science, 2004,167(4):449-456.

[140] Baldrian P, Merhautová V, Petránková M, et al. Distribution of microbial biomass and activity of extracellular enzymes in a hardwood forest soil reflect soil moisture content[J]. Applied Soil Ecology,2010,46(2): 177-182.

[141] Machulla G,Bruns M A,Scow K M. Microbial properties of mine spoil materials in the initial stages of soil development[J]. Soil Science Society of America Journal, 2005,69(4):1069-1077.

[142] Showalter J M,Burger J A,Zipper C E. Hardwood seedling growth on different mine spoil types with and without topsoil amendment[J]. Journal of environmental quality, 2010,39(2):483-491.

[143] Ussiri D A,Lal R. Land Management Effects on Carbon Sequestration and Soil Properties in Reclaimed Farmland of Eastern Ohio,USA[J]. Journal of Soil Science,2013,3: 46-57.

[144] Akala V A,Lal R. Mineland Reclamation and Soil Carbon Sequestration[C]. Taylor & Francis,2006:1081-1083.

[145] Metz B,Davidson O,De Coninck H,et al. Carbon dioxide capture and storage[J]. 2005.

[146] Akala V. Soil organic carbon sequestration in a reclaimed mineland chronosequence in Ohio[J]. 2000.

[147] Akala V, Lal R. Mineland reclamation and soil organic carbon sequestration in Ohio[J]. Mining and Reclamation for the Next Millennium, 1999, 1:13-19.

[148] Boerner R E, Scherzer A J, Brinkman J A. Spatial patterns of inorganic N, P availability, and organic C in relation to soil disturbance: a chronosequence analysis[J]. Applied Soil Ecology, 1998, 7(2):159-177.

[149] Barnhisel R I, Darmody R G, Daniels W L, et al. Reclamation of drastically disturbed lands: American Society of Agronomy, 2000.

[150] Post W M, Izaurralde R C, West T O, et al. Management opportunities for enhancing terrestrial carbon dioxide sinks[J]. Frontiers in Ecology and the Environment, 2012, 10(10):554-561.

[151] Zornoza R, Carmona D, Rosales R, et al. Monitoring soil properties and heavy metals concentrations in reclaimed mine soils from SE Spain by application of different amendments[J]. 2010.

[152] Geebelen W, Vangronsveld J, Adriano D C, et al. Amendment-induced immobilization of lead in a lead-spiked soil: evidence from phytotoxicity studies[J]. Water, air, and soil pollution, 2002, 140(1-4):261-277.

[153] Geebelen W, Adriano D, van der Lelie D, et al. Selected bioavailability assays to test the efficacy of amendment-induced immobilization of lead in soils[J]. Plant and Soil, 2003, 249(1):217-228.

[154] Mattigod S, Rai D, Eary L, et al. Geochemical factors controlling the mobilization of inorganic constituents from fossil fuel combustion residues: I. Review of the major elements[J]. Journal of environmental quality, 1990, 19 (2):188-201.

[155] Jala S, Goyal D. Fly ash as a soil ameliorant for improving crop production—a review[J]. Bioresource Technology, 2006, 97(9):1136-1147.

[156] Elseewi A A, Straughan I, Page A. Sequential cropping of fly ash-amended soils: Effects on soil chemical properties and yield and elemental composition of plants[J]. Science of the Total Environment, 1980, 15(3):247-259.

[157] Deshmukh A, Matte D, Bhaisare B. Soil properties as influenced by fly ash application[J]. Journal of Soils and Crops, 2000, 10(1):69-71.

[158] Gangloff W, Ghodrati M, Sims J, et al. Impact of fly ash amendment and incorporation method on hydraulic properties of a sandy soil[J]. Water, Air, & Soil Pollution, 2000, 119(1):231-245.

[159] Bi Y, Li X, Christie P, et al. Growth and nutrient uptake of arbuscular mycorrhizal maize in different depths of soil overlying coal fly ash[J]. Chemosphere, 2003, 50 (6): 863-869.

[160] Fail Jr J L. Growth response of two grasses and a legume on coal fly ash amended strip mine spoils[J]. Plant and soil, 1987, 101(1):149-150.

[161] Fisher G, Chrisp C, Raabe O. Physical factors affecting the mutagenicity of fly ash from a coal-fired power plant[J].

Science,1979,204(4395):879-881.

[162] Lim S-S, Choi W-J. Changes in microbial biomass, CH₄ and CO₂ emissions, and soil carbon content by fly ash co-applied with organic inputs with contrasting substrate quality under changing water regimes[J]. Soil Biology and Biochemistry,2014,68: 494-502.

[163] 付克强,李占雷,王殿武,等.湖泊底泥与无机肥配施对土壤化学性质和冬小麦籽粒重金属 Cd 的影响[J].水土保持学报,2007,21(1):68-71.

[164] 华建峰,杨奕如,徐建华,等.河流底泥施用对土壤微生物群落功能多样性和小麦生长的影响[J].生态与农村环境学报,2012,28(5):526-531.

[165] 樊文华,白中科,李慧峰,等.复垦土壤重金属污染潜在生态风险评价[J].农业工程学报,2011,27(1):348-354.

[166] Zhang H, Sun L, Sun T, et al. Principal Physicochemical Properties of Artificial Soil Composed of Fly Ash, Sewage Sludge and Mine Tailing[J]. Bulletin of environmental contamination and toxicology,2007,79(5):562-565.

[167] Yeledhalli N, Prakash S, Gurumurthy S, et al. Coal Fly Ash as Modifier of Physico-Chemical and Biological Properties of Soil[J]. Karnataka Journal of Agricultural Sciences,2007,20(3):531.

[168] Wong J, Selvam A. Growth and Elemental Accumulation of Plants Grown in Acidic Soil Amended With Coal Fly Ash ¨ CSewage Sludge Co-compost [J]. Archives of environmental contamination and toxicology,2009,57(3): 515-523.

[169] SK V,RD T,SN S,et al. Management of fly ash landfills with Cassia surattensis Burm:A case study[J]. Bulletin of environmental contamination and toxicology,2000,65(5) .

[170] Roy G,Joy V. Dose-related effect of fly ash on edaphic properties in laterite cropland soil[J]. Ecotoxicology and Environmental Safety,2010.

[171] Ram L C,Masto R E. An appraisal of the potential use of fly ash for reclaiming coal mine spoil [J]. Journal of environmental management,2010,91(3):603-617.

[172] Kuzyakov Y,Bol R. Sources and mechanisms of priming effect induced in two grassland soils amended with slurry and sugar[J]. Soil Biology and Biochemistry,2006,38(4): 747-758.

[173] Löhnis F. Nitrogen availability of green manures[J]. Soil Science,1926,22(4):253-290.

[174] Schimel J P, Weintraub M N. The implications of exoenzyme activity on microbial carbon and nitrogen limitation in soil:a theoretical model[J]. Soil Biology and Biochemistry,2003,35(4):549-563.

[175] Reichstein M,Ågren G I,Fontaine S. Is there a theoretical limit to soil carbon storage in old-growth forests? A model analysis with contrasting approaches[C]. Springer,2009: 267-281.

[176] Blagodatsky S,Blagodatskaya E,Yuyukina T,et al. Model of apparent and real priming effects: linking microbial activity with soil organic matter decomposition[J]. Soil Biology and Biochemistry,2010,42(8):1275-1283.

[177] Allison S D,Czimczik C I,Treseder K K. Microbial activity

and soil respiration under nitrogen addition in Alaskan boreal forest[J]. Global Change Biology, 2008, 14 (5): 1156-1168.

[178] Blagodatskaya E, Blagodatsky S, Dorodnikov M, et al. Elevated atmospheric CO_2 increases microbial growth rates in soil: results of three CO2 enrichment experiments[J]. Global Change Biology, 2010, 16(2): 836-848.

[179] Turner B L, Hopkins D W, Haygarth P M, et al. β-Glucosidase activity in pasture soils [J]. Applied Soil Ecology, 2002, 20(2): 157-162.

[180] 曹志洪, 周建民等. 中国土壤质量[M]. 北京: 科学出版社, 2008: 30-108.